Franz Steindachsner

Die Schlangen und Eidechsen der Galapgos-Inseln

bremen
university
press

Franz Steindachsner

Die Schlangen und Eidechsen der Galapgos-Inseln

ISBN/EAN: 9783955621018

Auflage: 1

Erscheinungsjahr: 2013

Erscheinungsort: Bremen, Deutschland

@ Bremen-university-press in Access Verlag GmbH, Fahrenheitstr. 1, 28359 Bremen. Alle Rechte beim Verlag und bei den jeweiligen Lizenzgebern.

DIE SCHLANGEN UND EIDECHSEN

DER

GALAPAGOS-INSELN.

VON

DR. FRANZ STEINDACHNER

DIRECTOR DES K. K. ZOOLOGISCHEN HOF-MUSEUMS.

(MIT SIEBEN TAFELN.)

WIEN, 1876.

HERAUSGEGEBEN VON DER K. K. ZOOLOGISCH-BOTANISCHEN GESELLSCHAFT IN WIEN.

IM INLANDE BESORGT DURCH **W. BRAUMÜLLER**, K. K. HOFBUCHHÄNDLER.

FÜR DAS AUSLAND IN COMMISSION BEI **F. A. BROCKHAUS** IN LEIPZIG.

Druck von Adolf Holzhausen in Wien,
k. k. Universitäts-Buchdruckerei.

In einer im Jahre 1875 publicirten Abhandlung über die lebenden und ausgestorbenen Racen der gigantischen Landschildkröten[1]) hat Dr. Alb. Günther in London die Testudinaten der Galapagos-Inseln nach den reichen Vorräthen des britischen Museums einer kritischen Untersuchung unterzogen und dieselben dem gegenwärtigen Stande der Wissenschaft entsprechend in fünf Arten gesondert. Im Anschlusse an dieses vorzügliche Werk beabsichtige ich in den folgenden Zeilen die übrigen bisher bekannten Reptilien dieses Archipels, d. i. die Ophidier und Saurier, nach dem im kais. zoologischen Museum zu Wien befindlichen Materiale einer eingehenden Betrachtung zu unterziehen, zumal ein Theil derselben unstreitig zu den interessantesten Erscheinungen in der ganzen Classe der Reptilien gehört.

Die erste auf wissenschaftlicher Basis beruhende genauere Kenntniss der Galapagos-Inseln verdankt man, wie allgemein bekannt, dem gefeierten englischen Naturforscher Ch. Darwin, welcher während der Weltumseglung der Fregatte „Beagle“ vom 15. September 1835 bis zum 20. October desselben Jahres auf den Inseln Chatham, Charles, Albemarle und James verweilte und seine daselbst gesammelten überaus zahlreichen und wichtigen Beobachtungen über die geologischen Verhältnisse, über die Flora und Fauna dieser Inselgruppe in der „Reise eines Naturforschers um die Welt“ zur allgemeinen Kenntniss brachte.

Elf Jahre später landete die engliche Fregatte „Herald“ mit den Naturforschern Dr. Seemann und Goodrige an den Galapagos-Inseln; doch war die daselbst gemachte Ausbeute an Reptilien wegen der Kürze des Aufenthaltes (vom 8. bis 16. Jänner 1846) nicht reichhaltig, wie aus dem im Jahre 1854 publicirten zoologischen Theile der Reise des „Herald“ zu entnehmen ist.

Der Bericht über die während der Weltumseglung der schwedischen Kriegsfregatte „Eugenie“ im Jahre 1852 gesammelten Reptilien ist bis jetzt noch nicht veröffentlicht worden, doch dürften die von Prof. Peters in den Berliner Monatsberichten der königl. Akademie der Wissenschaften beschriebenen Exemplare von *Craniopeltis bivittata* und *Phyllodactylus galapagensis* Pet. von dieser Expedition herrühren.

Im Jahre 1868 unternahm Dr. Habel aus New-York eine Reise nach den Galapagos-Inseln und brachte eine bedeutende Sammlung von Vogelbälgen, Fischen, Schlangen,

---

[1]) Descr. of the liv. and ext. rac. of Gigant. Land-Tortoises (Philos. Transact. of the Roy. Soc. Part. I. 1875).

Eidechsen, Insecten, Mollusken und Radiaten nach Europa zurück, welche mit Ausnahme eines Theiles der ornithologischen Ausbeute, der werthvollsten der ganzen Collection, in meinen Besitz überging, leider aber in Folge ungünstiger Verhältnisse durchgängig nicht im besten Zustande in Wien ankam.

Zuletzt berührte der amerikanische Kriegsdampfer „Hassler" die Galapagos-Inseln (1872), doch war den Mitgliedern dieser Expedition nur ein zehntägiger Aufenthalt an den Küsten der Inseln Charles, Albemarle, James, Indefatigable und Jervis gestattet, welcher hauptsächlich zur Anlegung einer reichhaltigen Fischsammlung verwendet wurde.

Im Jahre 1872 zählte dieser Archipel nur mehr einen weissen und zwei schwarze menschliche Bewohner, die ein elendes Dasein auf der Insel Charles fristeten, alle übrigen Colonisten waren gestorben oder ausgewandert. Auf der Charles-Insel sind gegenwärtig nach Aussage der erwähnten drei Personen die Landschildkröten nahezu ausgerottet.

I. OPHIDIA.

Die erste Nachricht über das Vorkommen von Schlangen auf den Galapagos-Inseln gab Dampier, welcher im Jahre 1684 während einer Weltumseglung diesen Archipel besuchte. In der französischen Ausgabe seiner Reisebeschreibung: „Voyage autour du Monde" (Amsterdam, 1698) heisst es auf Seite 119 des ersten Bandes: „Il y a dans ces Isles des serpens verts, mais point d'autre animal terrestre que j'aye vû" (d. i. mit Ausschluss der auf Seite 118 erwähnten grossen Guanos und Schildkröten).

Ob Delano's „Narrative of Voyages and Travels" und Porter's „Journal of a Cruise made to the Pacific Ocean" kurze Nachrichten über Schlangen der Galapagos-Inseln enthalten, vermag ich nicht anzugeben, da beide Werke mir gegenwärtig unzugänglich sind.

Darwin, welcher wie bekannt im Jahre 1835 länger als einen Monat auf den Inseln Chatham, Charles, Albemarle und James verweilte, spricht in seinem berühmten Reisejournal von einer häufig auf den Galapagos-Inseln vorkommenden Schlangenart, welche er nach einer Mittheilung des französischen Herpetologen Bibron für identisch mit dem chilenischen *Dromicus Chamissonis* Wiegm. = *Dromicus Temminckii* Schleg. erklärt.

Im Jahre 1860 veröffentlichte Dr. Günther in den „Proceedings of the Zoological Society of London" pag. 97 einen Aufsatz über eine neue Schlange von den Galapagos-Inseln, *Herpetodryas dorsalis* genannt, und spricht in einer Note die Vermuthung aus, dass zwei Schlangenarten auf den Galapagos-Inseln vorkommen würden, falls Bibron's Mittheilung an Darwin correct sei. Letzteres schien jedoch Dr. Günther aus dem Grunde zu bezweifeln, da in dem nachträglich erschienenen siebenten Bande der von Dumeril und Bibron bearbeiteten „Erpétologie générale" gelegentlich der Angabe der geographischen Verbreitung von *Dromicus Chamissonis* Wiegm. (= *Drom. Temminckii* Schleg., Dum. Bibr.) die Galapagos-Inseln mit Stillschweigen übergangen wurden. Dagegen liesse sich bemerken, dass zur Zeit der Publication des siebenten Bandes des erwähnten Werkes, d. i. im Jahre 1854, Bibron, der ausgezeichnete französische Herpetologe, welcher sämmtliche von Darwin während der „Beagle“-Expedition gesammelte Ophidier zur Bearbeitung erhalten hatte, gestorben war, und dass das Original-Exemplar, auf welches sich die von Bibron abgegebene und von Darwin l. c. angeführte Bestimmung bezog, weder im britischen noch im Pariser Museum aufgefunden werden konnte.

In der Sitzung der königlichen Akademie der Wissenschaften zu Berlin am 11. October 1869 berichtete Prof. Peters, dass das Museum zu Stockholm (wahrscheinlich durch Dr. Kinberg, welcher an der Weltumseglung der schwedischen Fregatte „Eugenie“ theilnahm) eine Schlange von den Galapagos-Inseln besitze, welche ganz mit *Dromicus Chamissonis* Wiegm. übereinstimmt, und dass ferner bei einzelnen Exemplaren genannter Art von dem Continente die beiden hintersten Oberkieferzähne nicht länger als der vorhergehende Zahn (wie bei *Herpetodryas*) seien. Der gelehrte Berliner Herpetologe vermuthete daher mit Recht, dass *Herpetodryas dorsalis* Gthr. trotz des Vorkommens von drei *Postocularia* mit *Dromicus Chamissonis* Wiegm. identisch sein dürfe, fügt jedoch in derselben Note (Berlin. Monatsber. d. k. Akad. d. Wiss. 1869, pag. 719 und 720) noch weiter hinzu, dass es wohl möglich wäre, dass zwei verschiedene, einander aber in Färbung, Habitus und sonstiger Pholidosis täuschend ähnliche Schlangenarten auf den Galapagos-Inseln vorkämen.

Im folgenden Jahre (1870) erklärte Dr. Günther in „The Record of Zoological Literature“, Vol. VI, pag. 115, dass Prof. Peters' Bemerkungen vollkommen richtig seien, da er nunmehr eine Reihe von Exemplaren der auf den Galapagos-Inseln heimischen Schlangenart gesehen habe, und dass daselbst zwei Varietäten des *Dromicus Chamissonis* vorkommen, von denen die eine der continentalen Form genannter Art sehr ähnlich sei, die zweite Varietät aber von ihm nach einem jungen Exemplare als *Herpetodrias biserialis* beschrieben wurde.

Während der Hassler-Expedition, welche im Juni 1872 auf kurze Zeit die Inseln Charles, Albemarle, James, Indefatigable und Jervis berührte, sah ich nur auf der mit etwas reicherem Graswuchse versehenen, gegenwärtig unbewohnten Insel Jervis eine einzige Schlange, welche in einer mir unzugänglichen Kluft zwischen Lavablöcken sich fortbewegte und der Zeichnung nach dem *Herpetodryas dorsalis* Gthr. entsprach, die übrigen Inseln fanden ich und meine Reisegefährten damals vollkommen schlangenleer. Das zahlreiche Vorkommen von Schlangen scheint daher nur auf einzelne Localitäten beschränkt zu sein.

Im Jahre 1868 endlich hielt sich Dr. Habel aus New-York mehrere Monate auf den Galapagos-Inseln auf, besuchte fast sämmtliche grössere und viele kleine Inseln dieses Archipels, und übergab mir kürzlich fünf daselbst gesammelte Schlangen, welche ich nach genauer Prüfung und sorgfältigem Vergleiche mit den zahlreichen im Wiener Museum befindlichen Exemplaren von *Dromicus Chamissonis* der chilenischen und peruanischen Küstengegenden gleichfalls von letzterer Art specifisch nicht unterscheiden kann. Es scheint, dass diese fünf Exemplare dieselben seien, auf welche Dr. Günther in dem früher erwähnten sechsten Bande des „Record of Zoological Literature 1869“ auf S. 115 anspielt, da Dr. Habel mit seinen Sammlungen sich längere Zeit in London aufhielt und die erwähnten Schlangen in der That zwei Varietäten angehören, von denen die eine, welche ich als *Variatio Habelii* in den nachfolgenden Zeilen erwähnen werde, der chilenischen Form des *Dromicus Chamissonis* in der Zeichnung sehr nahe steht, während die zweite hierin mit *Herpet. dorsalis* Gthr. (ol.) übereinstimmt.

Es ist eine sehr eigenthümliche Erscheinung, auf den 5—600 Seemeilen von dem Continente Amerikas entfernten Galapagos-Archipel, unter dem Aequator eine Schlangenart zu finden, die auch an den Küsten Perus und Chiles heimisch ist, da doch die übrigen Eidechsenformen derselben Inselgruppe generisch oder mindestens specifisch von jenen Südamerikas verschieden sind.

Die Vermuthung, dass *Dromicus Chamissonis* vielleicht von den ersteren Besuchern der Galapagos-Inseln von der Westküste Südamerikas dahin verschleppt worden sei, hat wenig Wahrscheinlichkeit für sich, da bereits Guill. Dampier im Jahre 1684 zahlreiche Schlangen auf den Galapagos-Inseln vorfand, man müsste denn annehmen, dass die von Dampier erwähnten grünen Schlangen (serpens verts) von jenen, welche Darwin und Habel vorfanden, der Art nach verschieden und gegenwärtig ausgerottet oder ausgestorben seien, wofür aber gar keine triftigen Gründe sprechen.

Dromicus Chamissonis Wiegm. (var. *dorsalis* et var. *Habelii* m.)

Syn. *Herpetodryas dorsalis* Gth. ol. (= var. *dorsalis* m.)

Der Kopf ist von tetragono-pyramidaler Form mit steilabfallenden Seiten, welche von den Augen bis zu den Nasalschildern eingedrückt sind, gestreckt und circa $1^2/_3$mal so lang wie an den Mundwinkeln breit. Die Oberseite des Kopfes ist bei jüngeren Individuen nahezu völlig flach, bei einem grösseren Exemplare aber in der Stirn- und Scheitelgegend eingedrückt, da die Supraorbitalia ziemlich stark gewölbt sind und die Occipitalia gegen ihre innere Berührungslinie sich einsenken.

Die Schnauze gleicht an Länge der Stirnbreite oder steht letzterer ein wenig nach. Die Schnauzenspitze ist von oben und vorne nach hinten und unten schief abgestutzt; das Rostrale nimmt den ganzen vorderen Abfall der Schnauze ein und sein oberer Rand zeigt eine dreieckige Form mit stumpf abgerundeter oberer Ecke, welche sich nur ganz unbedeutend über die Oberseite des Kopfes umlegt.

Die beiden Präfrontalia sind unregelmässig fünfeckig und verschmälern sich ziemlich rasch gegen den kurzen concaven Vorderrand; sie sind eben so lang, doch schmäler als die Postfrontalia, welche letztere gleichfalls eine unregelmässig pentagonale Form besitzen und deren äusserer Randtheil bereits auf die seitliche Kopffläche fällt.

Bei sämmtlichen im Wiener Museum befindlichen chilenischen Exemplaren von *Drom. Chamissonis* sind die Postfrontalia länger als die Präfrontalia.

Das Verticalschild ist schmal und langgestreckt und circa $1^2/_3$- bis nahezu 2mal so lang wie breit. Der mittlere Theil seines Seitenrandes ist concav, der vordere Rand querüber nahezu geradlinig abgestutzt oder stumpfwinkelig geknickt. Nach hinten verschmälert sich das Verticalschild und schiebt sich daselbst keilförmig zwischen die grossen Occipitalia ein.

Die Supraorbitalia (eines zu jeder Seite) sind nur wenig kürzer als das Verticale, bei älteren Individuen stärker gewölbt als bei jüngeren und vorne schief nach hinten und aussen abgestutzt.

Die Form der Occipitalia ist variabel; jedes derselben hat durchschnittlich die Form eines rechtwinkeligen Dreieckes, dessen hintere Ecke mehr oder minder tief und

schräge nach innen und vorne abgestutzt ist. Bei einem kleinen Exemplare der Var.
Habelii sind die Occipitalia nach hinten geradlinig abgeschnitten und bei einem zweiten
Individuum derselben Varietät laufen die Occipitalia nach hinten ohne Einschnitt stumpf-
eckig zu (s. Taf. I, Fig. 2 a). Die vordere innere Ecke des Schildes ist stets schief
abgestutzt, und in diesen vorderen spitzwinkeligen Ausschnitt beider Occipitalia legt sich
die hintere Spitze des Verticalschildes, während der ganze übrige grössere Theil des
Vorderrandes der Occipitalia an das obere Augenrandschild grenzt. Die Länge der
Occipitalia gleicht der der Schnauze und die grösste Breite derselben beträgt mehr als
Zweidrittel der Länge des Verticalschildes. Der vordere Theil des äusseren Seitenrandes
der Occipitalschilder fällt bereits auf die Seitenfläche des Kopfes hinter dem Auge und
reicht bei einem Exemplare unserer Sammlung etwas weiter in die Wangengegend hinab
als bei den übrigen.

Der obere Rand der beiden Nasalia jeder Kopfseite ist schwach concav. Das
hintere Nasalschild ist unregelmässig fünfeckig und etwas höher als das vordere. Das
kleine Frenalschild zeigt eine viereckige Gestalt, ist ein wenig länger als hoch und kleiner
als das hintere Nasale. Der untere Rand des Frenale fällt auf die hintere Hälfte des
oberen Randes des zweiten und auf die grössere vordere Hälfte des oberen Randes des
dritten Oberlippenschildes.

Das vordere Augenrandschild besteht aus einem schmalen, vertical gestellten viereckigen und einem horizontal gelegenen dreieckigen Theile, welcher letztere auf der
oberen Kopffläche zwischen dem hinteren äusseren Rande des Präfrontale und dem seitlichen Vorderrande des oberen Augenrandschildes sich einschiebt, ohne mit der inneren
Winkelspitze das Verticalschild zu erreichen.

Die beiden jederseitigen Postocularschilder sind von geringer Grösse; das obere
ist bald mehr, bald weniger als zweimal so gross als das untere, welches auf dem grossen
fünften Oberlippenschilde ruht.

Die Temporalschilder bilden vier hinter einander liegende Reihen, welche schräge
von oben und vorne nach unten und hinten verlaufen. Die vorderste Reihe enthält nur
ein einziges Schild[1]), die zweite Reihe zwei, die dritte drei und die vierte endlich vier
Schilder. Das vorderste, erste Temporalschild ist unregelmässig fünfeckig und stets mehr
oder minder bedeutend kleiner als das untere grösste Schild der zweiten Reihe, welches
übrigens in Gestalt und Umfang beträchtlich variirt, und auf dem oberen Rande des
sechsten und siebenten oberen Lippenschildes ruht. Das untere Temporalschild der dritten
Reihe fällt über das siebente und achte Supralabiale.

Die Zahl der Oberlippenschilder beträgt bei jedem der mir zur Beschreibung vorliegenden fünf Exemplare der Galapagos-Inseln jederseits acht, während bei den zahlreichen in der Wiener Sammlung befindlichen Exemplaren aus Chile und Peru häufiger
neun als acht Supralabilia vorkommen.

Das erste kleinste obere Lippenschild grenzt nach oben nur an das vordere Nasale;
über dem zweiten Oberlippenschilde liegt das hintere Nasale und die vordere Hälfte des
Frenale. Das dritte Oberlippenschild ist etwas höher, aber schmäler als das zweite und

---

[1]) Bei zwei sehr grossen und mehreren kleineren chilenischen Exemplaren der Wiener Sammlung liegen
zwei Temporalschilder sowohl in der ersten wie in der zweiten Reihe, und bei einem Individuum mittlerer
Grösse auf einer Kopfseite ein, auf der anderen zwei Temporalschilder in der ersten Reihe.

2*

stösst nach oben an das Frenale und zum Theile noch an das Präorbitale. Das vierte und fünfte Supralabiale bilden den unteren Augenrand und einen Theil des hinteren Augenrandes; das vierte Supralabiale ist regelmässig viereckig, das fünfte aber nach hinten und oben in einen stumpfen Fortsatz ausgezogen, mittelst dessen es nach oben mit dem unteren Postoculare in Berührung kommt. Das sechste obere Lippenschild ist das grösste der ganzen Reihe und unregelmässig viereckig mit breiter Basis; das siebente steht dem vorangehenden bereits beträchtlich an Umfang nach und das letzte Supralabiale ist bald mehr bald minder auffallend kleiner als das siebente.

An der unteren Kinnlade liegen jederseits hinter dem kleinen dreieckigen Mentale zehn Infralabialschilder, welche von dem zweiten bis zum sechsten an Grösse zunehmen und von dem siebenten bis zum letzten allmälig wieder an Umfang abnehmen. Das fünfte Infralabiale ist zuweilen nur wenig kleiner als das sechste, und das zweite circa halb so gross als das erste. Das rhombenförmige schmale, aber verhältnissmässig hohe erste Paar der Unterlippenschilder stosst nach unten an der Kehlfurche zusammen, und trennt das dreieckige Mentale vollständig von den in die Länge gezogenen Inframaxillar-Schildern.

Die Zahl der letzteren beträgt jederseits zwei und nur bei einem Exemplare unserer Sammlung schiebt sich auf einer Kopfseite noch ein drittes kleines Inframaxillare ein (s. Taf. I, Fig. 1 b). Die beiden vorderen Inframaxillaria berühren sich vollständig mit ihren Innenrändern und sind ein wenig kürzer als die folgenden des zweiten Paares. welche in der hinteren Längenhälfte ihres Innenrandes durch zwei bis drei Kehlschuppen von einander getrennt sind.

Bei jedem Exemplare unserer Sammlung sind der letzte oder die beiden hintersten gefurchten Oberkieferzähne bedeutend länger als die vorangehenden und von diesen durch einen grösseren Zwischenraum getrennt.

Der Rumpf ist ausserordentlich langgestreckt und schlank. und zuweilen auf der Rückenseite eben so flach wie an der Bauchseite, während die Flanken mässig gewölbt sind.

Die Schuppen bilden im vorderen Drittel des Rumpfes neunzehn Längsreihen und sind am Rücken schmäler als an den Seiten.

Der Schwanz ist von mässiger Länge und verschmälert sich peitschenförmig gegen das hintere Ende. Die Länge des Schwanzes verhält sich zu der des übrigen Körpers (bis zur Schnauzenspitze) wie 1 : 2⅘—3. Bei einem Exemplare unserer Sammlung sind das 2.—6., bei dem zweiten das 2.—19., bei dem dritten das 1.—6., bei dem vierten kleinsten Exemplare das 1.—4. Caudalschild ungetheilt, die übrigen folgenden aber wie das Anale getheilt. Nur bei dem fünften Exemplare sind sämmtliche Caudalschilder paarig.

Die Zahl der Ventralplatten beträgt 219—225, die der Caudalplatten circa 105—114.

Das von Dr. Günther beschriebene Exemplar der Galapagos - Inseln besitzt 209 Ventralplatten.

Bei den aus Chile und Peru stammenden Exemplaren des Wiener Museums finde ich nur 183—201 Ventralschilder (und 102—112 Caudalschilder); Dumeril und Bibron zählen deren 179—196 bei den Exemplaren des Pariser Museums.

Es scheint somit die insulare Form des *Dromicus Chamissonis* constant eine grössere Anzahl von Ventralschildern zu besitzen als die continentale.

Die Rückenseite ist bräunlichgrau oder schmutziggrau, die Bauchseite bräunlichgelb, beide sind mehr oder minder dicht dunkelgrau gesprenkelt oder punktirt; auf der Bauchseite vereinigen sich häufig die Punkte oder Makeln zu sternförmig ausgezackten Gruppen.

Der Rückenzeichnung nach gehören die mir vorliegenden fünf Exemplare der Galapagos-Inseln zwei scharf geschiedenen Farbenvarietäten an, welche ich als Variatio *dorsalis* und Var. *Habelii* sondern will (s. Taf. I, Fig. 1 und 2).

Bei den Exemplaren der Variatio *Habelii* läuft wie bei der continentalen Form des *Dromicus Chamissonis* eine breite braune Längsbinde mit etwas dunklerer, ziemlich breiter und schwach ausgezackter Umrandung von dem hinteren Rande der Occipitalia bis gegen die Längenmitte des Schwanzes. Auf die Rückenbinde folgt jederseits eine schmale hellbraune Längsbinde, welche die Höhe zweier horizontaler Schuppenreihen einnimmt, in der Nackengegend bereits verschwindet und nach unten durch einen dunkelbraunen Streif von der Breite einer Schuppenreihe abgegrenzt wird. Dieser untere Streif breitet sich vorne in der Temporalgegend zu einer Binde aus, welche oben und unten dunkler gesäumt ist und vor den Augen sich fortsetzend am vorderen Seitenrande der Schnauze endigt. Die bräunlichgelben Oberlippenschilder sind mit zahlreichen dunkelgrauen Pünktchen übersäet, welche nur den oberen Rand der Supralabialia frei lassen, wodurch eine schmale helle Linie sich bildet, welche insbesondere hinter dem Auge in der Temporalgegend scharf hervortritt. Zuweilen zieht vom Augenrande des fünften Supralabiale ein dunkelbrauner Streif zum hinteren unteren Winkel des sechsten Oberlippenschildes.

Die Unterlippenschilder sind nur an den Rändern dunkel gesprenkelt; die scharf abgegrenzten gelben Flecken, je einer im mittleren Theile der einzelnen Sublabialia, welche für die continentale Abart charakteristisch sind, fehlen vollständig.

Die zweite Varietät, Var. *dorsalis*, entspricht in der Zeichnung genau dem *Herpetodryas dorsalis* Gthr. (ol.). Eine dunkle röthlichbraune Binde beginnt am hinteren Rande der Occipitalia, erstreckt sich jedoch nur über die ersten 13—14 Querschuppenreihen des Rumpfes, worauf eine kurze Reihe schräge gestellter Flecken folgt, deren Zahl circa drei bis sechs beträgt. Hinter diesen einfachen Flecken liegt sodann eine lange Doppelreihe kleinerer Flecken, welche nach hinten allmälig an Grösse abnehmen und bereits vor dem Beginne des Schwanzes zu einem unterbrochenen Längsstreif sich verschmälern. Von dem vorderen Seitenrande des Kopfes zieht sich eine nach hinten allmälig an Breite zunehmende, vom Auge unterbrochene dunkelbraune Binde über dem oberen Rande der Oberlippenschilder hin und löst sich an den Seiten des Rumpfes in eine Reihe ovaler Flecken auf, welche anfangs mit jenen der Rückenreihe alterniren und wie letztere im Centrum heller als an den Rändern sind. Gegen den Schwanz zu fliessen die Seitenflecken stellenweise zu kurzen Streifen zusammen und verschwinden in der Analgegend vollständig.

Das grösste Exemplar unserer Sammlung ist circa 3¼ Schuh lang.

Fundorte: Indefatigable, Hood-, Charles- und Jervis-Insel[1]).

---

[1]) Die Inseln Bindloë und Abington sind nach Dr. Habel's Mittheilung wegen des trockenen Bodens, der aus vulcanischen Lapilli besteht, schlangenleer; auf Albemarle dagegen dürften Schlangen vorkommen.

II. SAURIA.

Iguanidae.

1. *Tropidurus (Craniopeltis) Grayii* Bell.

Syn.: *Leiocephalus Grayii* Bell. Zool. of the Voyage of Beagle Rept., pag. 24, pl. XIV, Fig. 1.
— — — Gray, Catal. of Lizards in the Coll. of the Brit. Museum, pag. 218.
Holotropis Grayii M. C. & Aug. Dum., Catal. méth. de la Coll. des Rept., pag. 70.
Craniopeltis bivittata Pet., Berl. Monatsber. 1871, pag. 645.

Prof. Peters wies zuerst nach[1]), dass die von Bell und Gray als *Leiocephalus Grayii* angeführte Art aus der Gattung *Leiocephalus* zu entfernen und als Repräsentant einer besonderen Gruppe der Gattung *Tropidurus* zu betrachten sei, für welche er den Namen *Craniopeltis* vorschlägt.

Darwin scheint diese Eidechsenart zuerst auf den Galapagos-Inseln (auf der Insel Chatham und Charles) entdeckt zu haben, indem Dampier in dem früher erwähnten Reiseberichte nur von den grossen Guanos spricht.

Der Kopf zeigt bei oberer Ansicht die Form eines gleichseitigen Dreieckes, dessen vordere Spitze stark abgestumpft ist und dessen Seitenränder in der Augengegend ziemlich stark ausgebuchtet sind. Die Oberseite des Kopfes ist in der Richtung von vorne nach hinten schwach convex und erscheint querüber zwischen den Augen ein wenig vertieft, da die obere Augendecke auch von innen nach aussen schwach gewölbt ist.

Die durchschnittlich kleinen, vielseitigen, mehr oder minder deutlich gewölbten Schildchen auf der oberen Kopfdecke variiren an Zahl, Grösse, Gestalt und Lage und liegen nur selten auf der Schnauze so symmetrisch geordnet wie bei dem auf Taf. II, Fig. 1 a abgebildeten Exemplare, einem Männchen von der Jervis-Insel.

Auf der Mitte der oberen Augendecke bilden vier bis sechs grössere Schilder zusammen eine halbmondförmige Figur, vor welcher nach aussen in der Regel noch drei Reihen, nach innen aber nur eine einzige Reihe kleinerer Schuppen folgen. Die stark über das Auge vorspringende Supraorbitalleiste wird von äusserst schmalen, sehr bedeutend in die Länge gezogenen Plättchen gebildet und setzt sich nach vorne unmittelbar in die Schnauzenkante fort. Unter dem Auge bilden ähnliche lange Plättchen eine zarte Leiste, welche mit der nach vorne sich herabsenkenden Leiste des oberen Augenrandes vor dem Auge unter einem spitzen Winkel zusammentrifft.

Den Raum zwischen den Augendecken füllen auf der Oberseite des Kopfes zwei nach hinten auseinander weichende Reihen unregelmässig gestalteter, vier- bis fünfseitiger Schilder aus, auf welche nach hinten das auffallend grosse Occipitalschild folgt. Letzteres ist in der Regel fünfeckig, bald mehr, bald minder in die Breite gezogen, hinten gerundet oder aber quer abgestutzt und vor seiner Mitte liegt eine kleine ovale, heller gefärbte, nabelähnliche Einsenkung. Eine oder mehrere vom hinteren Rande nach vorne

---

[1]) Berl. Monatsber. 1871, pag. 644.

ziehende Einschnürungen deuten darauf hin, dass das Occipitalschild sich durch Ver-
schmelzung mit benachbarten Schildchen vergrössert.

Auf der hinteren Hälfte des schräge gestellten zungenförmigen Nasale, welches
unmittelbar über dem vorderen Ende des Canthus rostralis ruht, liegt die Nasenöffnung.
Das Rostralschild legt sich je nach seiner grösseren oder geringeren Höhenentwicklung
im mittleren oder vordersten Theile mehr oder minder bedeutend über die Oberseite des
Kopfes um und zeigt die Form eines in die Breite gezogenen Dreieckes mit stark ab-
gestumpfter oberer Ecke.

Die kleinen Oberlippenschilder sind in die Länge gezogen, viereckig und von
geringerer Höhe als die Unterlippenschilder; über ihnen liegt eine Reihe ähnlich gestalteter schmaler Schildchen.

Die vorderen Infralabialia sind nur durch eine, die hinteren bald durch eine bald
durch zwei Reihen kleiner Schuppen von den grossen Submentalschildern getrennt, von
denen das zweite den grössten Umfang zeigt, und eben so gross oder nur wenig kleiner
als das Mentale ist. Das erste Paar der Submentalia stösst am Innenrande aneinander.

Die kleinen Temporalschilder sind nach aussen gewölbt und in der Regel längs
der Höhenmitte stumpf gekielt. Ueber den vorderen Ohrrand springen vier bis sechs
Schuppen kammförmig vor.

Längs der Rückenlinie bis zur Schwanzspitze zieht ein Kamm von Schuppen hin,
welche sich nach oben zuspitzen und deren Spitze nach hinten umgebogen ist. Der
Schuppenkamm nimmt mit dem Alter an Höhe zu und ist stets bei Männchen stärker
entwickelt als bei Weibchen. Die Schuppen der ganzen Rückenseite zeichnen sich durch
ihre bedeutende Grösse aus, sind eigenthümlicher Weise bei den Männchen noch etwas
grösser als bei den Weibchen und bilden, wie die seitlich gelegenen Rumpfschuppen
schief von unten und vorne nach oben und hinten aufsteigende Reihen. Die grössten
Schuppen liegen in den obersten Reihen und sind daselbst auch der Mitte entlang am
stärksten gekielt. Die Kiele endigen nach hinten in eine stachelartige Spitze, welche
besonders bei alten Männchen stark entwickelt ist und bei diesen den hinteren Schuppen-
rand bedeutend überragt. Gegen die Rumpfseiten hinab nehmen die Kiele wie die
Schuppen selbst mehr oder minder rasch an Grösse ab.

Der Schwanz ist zunächst seiner Basis im Durchschnitte fast viereckig, hierauf
aber comprimirt, nur an regenerirten Theilen rundlich und die Schuppen desselben sowie
deren Kiele verschmälern sich gegen die Unterseite des Schwanzes zu, welche gleichfalls stark gekielte Schuppen zeigt, auffallend geringer als am Rumpfe selbst.

Die Schuppen am Bauche sind glatt und hinten gerundet. Auch bei den Weibchen und jungen Männchen sind die angrenzenden unteren Schuppen der Rumpfseiten glatt
und nach hinten in keine Spitze ausgezogen.

An den Seiten des Halses liegt zwischen der Ohrgrube und der Antehumeralfalte
eine zweite mit letzterer parallel laufende Falte, welche mit dem hinteren Rand der Ohrgrube durch eine, häufig sogar durch zwei schief nach oben und vorne laufende Neben-
falten in Verbindung tritt und mit diesen eine Y-förmige Figur bildet. Zwischen diesen
Falten bilden sich mehr oder minder tiefe und grosse Grubenräume; die Schuppen an
der Aussenseite der Falten sind klein, zugespitzt und deutlich gekielt, die Schuppen in
den theilweise durch die Falten überdeckten Gruben noch viel kleiner und mehr
körnchenähnlich.

Zuweilen sind die Halsfalten nur schwach entwickelt und ebenso die zwischen und unter ihnen liegenden Gruben, und in diesem Falle sind die Schuppen an diesen Körpertheilen etwas grösser als in dem entgegengesetzten. Aus diesem Grunde vermuthe ich, dass die von Prof. Peters unter dem Namen *Craniopeltis bivittata* beschriebene Art[1]), deren typisches Exemplar mir von dem Verfasser gütigst zur Ansicht zugestellt wurde, nur als eine selten vorkommende, mit verhältnissmässig grösseren seitlichen Halsschuppen versehene Abart von *Craniopeltis Grayii* zu betrachten sei. Auch bei sehr vielen Exemplaren letztgenannter Art mit ganz kleinen Halsschuppen sind die Schuppen in dem grösseren mittleren Theile der hinteren Seite des Oberschenkels wie bei dem typischen Exemplare von *Craniopeltis bivittata* Pet. ziemlich gross, flach und lanzetförmig, somit an der ganzen Hinterseite der Oberschenkel nicht ausschliesslich kornähnlich.

Bei alten Männchen von *C. Grayii* sind die Schuppen an der Hinterseite des Oberschenkels sogar gekielt oder endigen nach hinten in eine stachelartige Spitze. Für die Vereinigung von *C. bivittata* mit *C. Grayii* dürfte überdies noch der Umstand sprechen, dass bei der demnächst zu beschreibenden zweiten *Cranioleptis*-Art, die mir in sieben Exemplaren vorliegt, eine der *Cr. bivittata* ganz analoge Abart vorkommt, welche gleichfalls durch den Mangel an scharf ausgeprägten Falten vor der Antehumeralfalte und durch die bedeutendere Grösse der seitlichen Halsschuppen sich auszeichnet, in allen übrigen charakteristischen Eigenthümlichkeiten aber eben so wenig von der Hauptform sich unterscheidet wie *Cr. bivittata* von *C. Grayii*[2]).

Die vorderen Zähne der oberen und unteren Kinnlade sind einspitzig und mit der Spitze ein wenig nach innen geneigt, die übrigen aber zeigen jederseits neben der längeren Mittelspitze eine kleine Nebenzacke. Die Gaumenzähne sind in geringer Zahl vorhanden und viel kleiner als die Kieferzähne. Schenkelporen fehlen.

Die Schuppen an der Kehle nehmen bis zum hinteren seitlichen Ende der Antehumeralfalte ein wenig an Grösse zu.

Die Klauenspitze der längsten Zehe des nach vorne umgelegten Vorderfusses überragt noch das vordere Kopfende und die entsprechende der hinteren Extremitäten reicht bis zum Mundwinkel. Die Zehen sind comprimirt. Die Schuppen an der Unterseite der Extremitäten sind glatt und am hinteren Rande mehr oder minder gerundet, auf den übrigen Seiten derselben aber sowie auf der Hand- und Fussfläche nach hinten mit einer Stachelspitze versehen und grösstentheils auch gekielt.

Die Schuppen an der Hinterseite der Oberschenkel sind kleiner als an der Oberseite und nehmen von oben nach unten mehr oder minder bedeutend an Grösse ab; sie sind übrigens bei einigen Exemplaren merklich grösser als bei anderen, bei älteren Männchen zugespitzt und gekielt und zuweilen selbst bei einem und demselben Exemplare auf einer Körperseite stärker entwickelt als auf der anderen Seite. Gegen das Kniegelenk und gegen die Lendengegend verschmälern sie sich stets zu Körnchen; nur bei jungen Individuen, hauptsächlich bei Weibchen, ist häufig, doch nicht ausnahmslos die ganze Hinterseite des Oberschenkels granulirt.

Die Grundfarbe des Rückens ist im Leben bläulich oder bräunlich grau; quer über den Rücken ziehen unterbrochene, schwärzliche, schmale Querbinden oder Streifen,

---

[1]) Monatsber. der k. preuss. Akad. der Wissensch. zu Berlin aus dem Jahre 1871. p. 645.
[2]) Ebenso verhält es sich auch bei *Tropidurus torquatus*.

welche nach unten gegen die Körperseiten sich zuweilen zu grösseren rundlichen Flecken auflösen oder aber Querreihen kleiner Flecken bilden, die gegen die Schwanzgegend zu sich allmälig verlieren. Nur selten zeigt sich an den Rumpfseiten eine hell blaugraue Binde, welche von der seitlichen Halsgegend schief nach hinten und oben ansteigt, ohne die Rückenlinie zu erreichen, und noch seltener eine zweite breitere Längsbinde zu jeder Seite des Rückenkammes. Zwischen den schwärzlichen Rückenbinden oder Flecken liegen zahlreiche hell graublaue Fleckchen oder Punkte. Die seitliche Halsgegend ist orangegelb und zwar bei Männchen minder lebhaft als bei den Weibchen. Die Bauchseite ist bei älteren Männchen schmutzig röthlichgelb und im vorderen Theile und gegen die Rumpfseiten zu schwarz gefleckt. Eben so, doch grösser gefleckt ist die Kehle und die Unterseite des Kopfes bei Männchen und Weibchen. Bei den Männchen zeigt die ganze Kehlgegend eine mehr oder minder tiefschwarze Färbung, in welcher sich die früher erwähnten Flecken vollständig oder theilweise verlieren. Hinter der Antehumeralfalte liegt stets eine schief gestellte, nach unten an Breite zunehmende schwarze Querbinde wie bei den eigentlichen *Tropidurus*-Arten. Der Schwanz ist in der Regel auf grünlichgrauem oder graubraunem Grunde ziemlich dicht bläulich punktirt. Die Aussenseite der vorderen Extremitäten bis zu den Zehenspitzen zieren schwärzliche schmale Binden oder Flecken in regelmässigen Querreihen. Die hinteren Extremitäten sind in der Regel dicht hell punctirt wie der Schwanz; nur ziemlich selten bemerkt man auf ihnen verschwommene, grössere schwärzliche Flecken. An der Hinterseite des Oberschenkels liegen häufig grosse ovale hell blaugraue Flecken. Die Unterseite des Schwanzes ist bald hell bläulichgrau, bald schmutzig bläulichgelb. Die grössten Exemplare unserer Sammlung sind etwas mehr als acht Zoll lang.

Craniopeltis Grayi dürfte wohl auf sämmtlichen Inseln des Galapagos-Archipels vorkommen; Darwin fand diese Art auf den Inseln Chatham und Charles, ich selbst sah sie auf den Inseln Albemarle, James, Indefatigable und insbesondere auf der kleinen Insel Jervis in sehr grosser Menge, hauptsächlich zunächst der Küste auf sandigen, mit lorbeerähnlichen, immergrünen Gebüschen bedeckten Flächen. Bei drohender Gefahr gräbt sie sich mit grosser Schnelligkeit in den feinsandigen Boden ein und lebt zwischen den Gebüschen in kleinen Löchern; sie nährt sich von Insecten, insbesondere von Dipteren und dient wohl selbst dem *Dromicus Chamissonis* zur Hauptnahrung.

2. *Tropidurus (Craniopeltis) pacificus* n. sp.

Im Habitus und in der Körperzeichnung vollkommen mit *Craniopeltis Grayi* übereinstimmend, unterscheidet sich die hier zu beschreibende Art wesentlich von letzterer durch die auffallend geringere Grösse der Rückenschuppen. Während man bei erwachsenen Exemplaren von *Craniopeltis Grayi* in der Mitte der Rumpflänge rings um den Leib circa 54—63 Schuppen zählt, findet man bei ebenso grossen Individuen von *Craniopeltis pacifica*, deren 85 bis mehr als 90; bei erstgenannter Art sind die oberen oder mittleren Rückenschuppen mehr als zweimal so gross wie die mittleren Bauchschuppen, bei letzterer ist der Grössenunterschied zwischen den Rücken- und Bauchschuppen nicht sehr bedeutend.

Die Rückenschuppen sind viel zarter gekielt als bei *C. Grayi* und die von ihnen gebildeten Längsreihen steigen nur unter schwacher Neigung nach hinten und oben an.

Bei fünf Exemplaren unserer Sammlung ist die Zahl und Richtung der Halsfalten und die (zarte) Beschuppung der Halsseiten genau dieselbe wie bei den früher beschriebenen Individuen von *Cr. Grayii*; bei zwei anderen vortrefflich erhaltenen Exemplaren, Weibchen, von denen eines auf Taf. II, Fig. 2 in natürlicher Grösse abgebildet ist, fehlen aber die etwas unregelmässig laufenden Längsfalten hinter der Ohröffnung und es sind nur die beiden grossen schrägen Querfalten entwickelt, von welcher die hintere als Antehumeralfalte bezeichnet wird. Aus diesem Grunde will ich diese beiden Exemplare als Repräsentanten einer besonderen Abart von *Trop. pacificus* (var. *Habelii* m.) hervorheben.

Wohl nur im Zusammenhange mit dem gänzlichen Mangel oder der schwachen Entwicklung der Längsfalten steht das Vorkommen von verhältnissmässig viel grösseren Schuppen (von der Grösse der Temporalschuppen) zwischen dem Ohre und der ersten Querfalte des Halses, hinter und unter welcher, wie bei den übrigen normal beschuppten Exemplaren derselben Art und von *Craniopeltis Grayii* (*Cr. bivittata* Pet. eingeschlossen), eine mit kornähnlichen, äusserst kleinen Schüppchen bekleidete Grube sich vorfindet, deren Grösse übrigens sehr variabel ist. Nicht selten ist diese Grube durch eine Querfalte abgetheilt und sehr seicht. In der Zeichnung des Körpers zeigt *Trop. (Cran.) pacificus* ganz ähnliche Varietäten wie *T. Grayii* Bell, und die Beschuppungsweise an der Hinterseite des Oberschenkels ist dieselbe wie bei letzter Art.

Fundort: Insel Indefatigable (?) und Bindloë nach Dr. Habel's brieflicher Mittheilung.

Die im Wiener Museum befindlichen Exemplare wurden sämmtlich von Herrn Dr. Habel gesammelt. Es scheint, dass *Tr. pacificus* auf dem Galapagos-Archipel eine viel eingeschränktere Verbreitung habe als *Tr. Grayii*, da weder Darwin noch ich selbst erstere Art auf den Inseln Chatham, Charles, James, Albemarle und Jervis vorfand.

Die Entdeckung dieser zweiten, im Verhältniss zu *Trop. (Cran.) Grayii* klein beschuppten *Tropidurus- (Craniopeltis-)* Art auf den Galapagos-Inseln bestätigt in hervorragender Weise die Richtigkeit der von Professor Peters ausgesprochenen Ansicht, dass die Arten der Gattungen *Tropidurus* Wied. (= *Ecphymotus* Cuv. = *Taraguira* Gray)[1], *Microlophus* Dum. Bibr. so wie *Liocephalus Grayii* Bell, Gray zu Einem Genus zu vereinigen seien. *Tropidurus pacificus* n. vermittelt nämlich deutlich den Uebergang der Subgattung *Craniopeltis* zur Subgattung *Microlophus*, von welcher andererseits das Wiener Museum durch Joh. Natterer aus Caiçara eine, wie ich glaube, noch unbeschriebene Art in drei Exemplaren besitzt, welche etwas grössere (gekielte) Rückenschuppen zeigt als die bisher bekannten *Microlophus*-Arten. Auch bei letzteren ist der Rückenkamm bei den Männchen viel stärker entwickelt als bei den Weibchen, und die Kehle, theilweise auch die Brust, bei den Männchen mehr oder minder intensiv schwarz, wie bei *Trop. Grayii* etc.

---

[1] J. Reinhardt und Ch. Lütken unterscheiden in „Bidrag til kundskab om Brasiliens Padder og krybdyr" (Vid. Medd. fra den nat. Forening for 1861. p. 226—229) drei *Tropidurus*-Arten, *T. torquatus*, *T. macrolepis* und *T. Hygomi; Tropidurus macrolepis* K. L. dürfte höchst wahrscheinlich der *Agama hispida* Spix, welche von den übrigen Autoren vermuthlich irriger Weise zu *T. torquatus* W. bezogen wurde, entsprechen. Die Reihenzahl der grösseren Supraocular-Schilder kann ferner nicht als ein charakteristisches Unterscheidungsmerkmal zwischen *T. torquatus* und *T. macrolepis* benützt werden, da auch bei *T. torquatus* häufig zwei Reihen grösserer Schilder auf der oberen Augendecke liegen und in diesem Falle somit beide Arten in der Reihenzahl der Supraocularia übereinstimmen.

Amblyrhynchus und *Conolophus*.

Als die Spanier die Galapagos-Inseln entdeckten, fielen ihnen die Unzahl von Guanos und Schildkröten auf, die sich daselbst aufhielten und nannten sie nach letzteren die Schildkröten-Inseln. Im Laufe der Jahrhunderte lichtete sich die Schaar der Landschildkröten in sehr bedenklicher Weise durch die Wallfischfänger, welche auf ihrer Reise nach den südlichen Districten Süd-Amerikas diese Inselgruppe besuchen, um sich daselbst mit frischen Wasser- und Fleischvorräthen zu versehen; bei meinem Aufenthalte auf den Galapagos-Inseln im Jahre 1872 versicherte der damalige einzige weisse Bewohner der ganzen Inselgruppe, dass die Schildkröten auf den meisten Inseln bis auf einige wenige Exemplare ausgerottet seien. Anders verhält es sich mit den hässlich aussehenden Guanos, deren Fleisch von den Matrosen als ungeniessbar betrachtet wird, obwohl es wie das der Tauben schmecken soll. Wie zu Dampier's Zeiten findet man diese Rieseneidechsen gegenwärtig noch zu Tausenden auf den Galapagos-Inseln, und zwar *Amblyrhynchus cristatus* an den zerklüfteten Küsten und *Conolophus subcristatus* in Cactus-reichen Mulden. Bezüglich dieser Guanos berichtete bereits Dampier, dass sie gross und fett seien, wie er sie nie früher in seinem Leben gesehen habe, und zugleich so zutraulich, dass man zwanzig mit einem Stocke in einer Stunde erschlagen könne.

Im Jahre 1825 kam zuerst ein Exemplar einer der beiden grossen Eidechsenarten der Galapagos-Inseln (angeblich aus Mexico) nach Europa und wurde von Th. Bell in dem zweiten Bande des „Zoological Journal" in wissenschaftlicher Weise als *Amblyrhynchus cristatus* (l. c. pag. 204—208) beschrieben. Fünf Jahre später folgte eine Beschreibung der zweiten Art durch J. E. Gray (Zool. Misc. pag. 6, 1831) unter dem Namen *Ambl. subcristatus* nach einem gleichfalls fraglich aus Mexico stammenden Exemplare und im Jahre 1837 gaben Dumeril und Bibron in dem vierten Bande der „Erpétologie générale" (pag. 197) eine ausführlichere Beschreibung derselben *Amblyrhynchus*-Art nach einem trockenen Exemplare, welches sich im Museum von Boulogne-sur-Mer befand, und dessen Vaterland unbekannt war. Um diese Zeit waren noch Darwin's zoologische Entdeckungen auf den Galapagos-Inseln in Europa unbekannt.

Capt. Colnett verdankt man die ersten genaueren Nachrichten über die Lebensweise von *Amblyrhynchus cristatus* (s. Capt. J. Colnett's „Voyage to the South Atlantic". London. 1798); die beste und ausführlichste Schilderung der Lebensweise und des Habitus beider Guano-Arten aber gibt Darwin in seiner berühmten „Reise eines Naturforschers um die Welt" (in deutscher Ausgabe von J. V. Carus pag. 442—448).

Durch Darwin und Capitain Fitzroy kamen im Ganzen fünf Exemplare beider *Amblyrhynchus*-Arten an das britische Museum, von denen jedoch die grösseren ausgestopft und nur zwei kleine Exemplare (je eines beider Arten) in Weingeist aufbewahrt sind.

Während der Hassler-Expedition sammelten ich und meine Reisegefährten eine beträchtliche Anzahl von Individuen beider Arten und zwar von *Ambl. cristatus* auf den Inseln Charles, Albemarle und Jervis, von *Ambl. subcristatus* auf der Insel Albemarle. Sämmtliche Exemplare wurden in Weingeist aufbewahrt und nach dem Museum des Prof. L. Agassiz zu Cambridge bei Boston gesendet. Prof. Agassiz hatte die Güte, mir nach Beendigung der Hassler-Expedition mehrere Exemplare beider Arten als

Entschädigung für meine während der genannten Reise geleisteten Dienste zu überlassen, und nach diesen Exemplaren entwarf ich die in den nachfolgenden Zeilen gegebenen Beschreibungen.

Dumeril und Bibron sowie Th. Bell betrachten die beiden Rieseneidechsen-Arten der Galapagos-Inseln als Repräsentanten Einer Gattung, ebenso anfänglich J. E. Gray; im Jahre 1843 schied zuerst Fitzinger in seinem „Systema Reptilium" beide Arten in zwei Subgenera, *Amblyrhynchus* und *Conolophus* genannt, ab, vereinigt sie jedoch, meiner Ansicht nach, irriger Weise generisch mit den Arten der Subgattungen *Aloponotus*. *Iguana* und *Brachylophus* unter der allgemeinen Bezeichnung *Hypsilophus*. (S. Fitzinger's Systema Reptilium, fascic. I. Ambliglossae 1843. p. 54—55.)

Im Kataloge der Eidechsen in der Sammlung des brittischen Museums (1845) trennt J. E. Gray beide Arten der Gattung nach von einander und führt *Amblyrhynchus Demarlii* D. Bibr. unter dem Namen *Trachycephalus subcristatus*, *Amblyrhynchus cristatus* Bell aber als *Oreocephalus cristatus* an. Ich theile vollkommen Gray's Ansicht bezüglich der generischen Trennung der beiden grossen Eidechsen-Arten der Galapagos-Inseln. doch ist der Name *Trachycephalus* zu beseitigen, da derselbe schon mehrere Jahre früher (1838) von J. J. Tschudi für eine *Batrachier*-Gattung gewählt und allgemein angenommen wurde, und ich glaube statt dessen die von Fitzinger vorgeschlagene Bezeichnung „*Conolophus*", dem Rechte der Priorität entsprechend, adoptiren zu sollen. Die Abänderung des Gattungsnamens *Amblyrhynchus* bezüglich des von Bell schon im Jahre 1825 beschriebenen *Ambl. cristatus* in *Oreocephalus* Gray hat gar keine Begründung für sich, da Wagler irriger Weise Bell's *Amblyrhynchus cristatus* mit *Iguana nudicollis* Cuv. identificirte (s. Wagler: „Natürl. System der Amphibien", 1830, p. 148), und den Gattungsnamen *Iguana* Laur., Cuv. etc. mit jenem von *Amblyrhynchus* vertauschte.

3. *Amblyrhynchus cristatus.*

Syn: *Amblyrhynchus cristatus* Bell. Zool. Journ. II. p. 204. Supp. Pl. XII a [1]) (London 1826).
     —   —   — Gray. Zool. Misc. p. 6 (London 1831).
     —   —   — Dum. Bibr., Erpétol. génér. T. IV, p. 195 (Paris 1837), Catal. méth. de la Coll. des Rept. p. 62.
     —   —   — Zool. of the Voyage of the Beagle, Part. V. Rept. p. 23 (London 1843).
Amblyrhynchus ater Gray. Synops. Rept. in Griffith's Animal Kingd. t. IX. p. 37.
     —   —   — Dum. Bibr., Erpétol. génér., T. IV. p. 196, Catal. méth. p. 62.
Hypsilophus (Amblyrhynchus) cristatus Fitzinger, Syst. Reptil. fasc. I. p. 55 (Wien 1843).
Oreocephalus cristatus Gray, Catal. of Lizards in the coll. of the Brit. Museum. p. 189 (Lond. 1845).

In der Form und in der Einfügungsweise der Zähne, durch die weit nach vorne gerückte seitliche Lage der Narinen, in dem Vorkommen eines bei Männchen insbesondere stark entwickelten, comprimirten Rückenkammes und von Femoralporen zeigt sich wohl die nahe Verwandtschaft dieser Eidechsenart mit den übrigen Iguaniden, insbesondere mit den Arten der Gattung Iguana; in der Gestalt des Kopfes und dessen Beschilderungsweise, in der Stärke der Kopfknochen, in dem Mangel eines Kehlsackes etc.

---

[1]) Die citirte Supplementtafel fehlt sowohl dem in meinem Besitze befindlichen Exemplare, als auch dem des kais. zoolog. Museums.

weicht *Amblyrhynchus cristatus* aber so bedeutend von letzteren ab, dass er wohl als Repräsentant einer besonderen Gruppe der Iguaniden hingestellt zu werden verdient.

Der Kopf ist kurz und breit, fällt nach den hohen Seitenflächen steil, fast vertical ab, verschmälert sich nach vorne und senkt sich, im Profile gesehen, rasch und bogenförmig von der Stirngegend nach dem vorderen stumpfen Schnauzenrande zu.

Die ganze Oberseite des Kopfes bis zu den Narinen ist mit grossen polygonalen, meist vier- bis sechsseitigen Schildern mosaikartig besetzt, welche unter sich an Grösse variiren, an der Oberseite von Furchen und Leisten durchzogen sind und gegen ihr Centrum zu sich mehr oder minder bedeutend kegel- oder pyramidenförmig erheben. Die grössten Schilder an der Oberseite des Kopfes liegen in der vorderen Kopfhälfte bis zur Narinengegend, die kleinsten auf der oberen Augendecke und zunächst der eingesunkenen, mehr oder minder flachen centralen Occipitalplatte (Interparietale).

Die kegel- oder pyramidenförmige Erhebung der oberen Kopfschilder ist stets bei den Männchen viel bedeutender als bei den Weibchen und nimmt zugleich mit dem Alter zu. Die am vorderen Abfalle der Schnauze befindlichen Schilder sind flach oder mässig gewölbt, doch rauh und nur die obersten derselben erheben sich bei alten Männchen zu kurzen stumpfen Kegeln.

Die zunächst dem vorderen Abfall der Schnauze seitlich und ziemlich hoch liegenden Narinen sind oval und schräge von unten und vorne nach oben und hinten gestellt; sie sind mit einem erhöhten, häutigen Rande umgeben, um welchen nach aussen kleine Schilder liegen. Die Zahl der Oberlippenschilder beträgt jederseits in der Regel zehn bei erwachsenen Individuen, und neun bei jungen Exemplaren. Das Rostrale ist breiter, gewöhnlich aber nicht höher als die folgenden Supralabialia, wie diese fünfeckig und bildet nach oben einen stumpfen Winkel. Die Oberlippenschilder nehmen bis zum siebenten oder neunten Schilde allmälig an Breite zu und zuweilen bis zu diesen von dem vierten oder fünften Schilde angefangen ein wenig an Höhe ab. Ueber den ersten sieben Supralabialia liegen mehrere Reihen kleiner in die Länge gezogener Schuppen, deren Grösse und Zahl übrigens bei den einzelnen Exemplaren ein wenig verschieden ist; der mittlere Theil der Zügelgegend zwischen dem Auge und der Narine wird von grösseren rauhen polygonalen Schildern bedeckt.

Unter dem Auge zieht sich eine Bogenreihe gekielter Schuppen bis zur Schläfengegend, welche mit grösseren unregelmässig gestalteten und stark gewölbten, theilweise stumpf kegelförmig sich erhebenden Schildern besetzt ist.

Zwölf bis dreizehn durchschnittlich viereckige Unterlippenschilder bilden jederseits den unteren Mundrand und nehmen bis zum neunten oder zehnten Infralabiale allmälig an Höhe und Breite zu; das Mentale ist häufig ein wenig kleiner als das folgende erste Unterlippenschild und nach unten stumpf zugespitzt. Auf die Infralabialia folgen nach unten und innen zwei bis drei Reihen kleinerer Schilder oder Schuppen, welche länger als hoch sind, und von denen die der obersten Reihe die übrigen an Grösse übertreffen. An diese zwei bis drei flachen, etwas rauhen Schilderreihen schliesst sich nach hinten eine Gruppe grösserer konischer Schilder bis zur Ohrgegend an, welche nach hinten wie nach unten allmälig an Grösse abnehmen.

Die Schuppen an der Unterseite des Kopfes sind sehr klein, gewölbt, und nehmen zunächst der Kehle, an welcher die kleinsten Schüppchen liegen, ein wenig an Grösse ab.

Bei manchen grossen Exemplaren ist eine Kinnfurche (wie bei *Cyclura*) entwickelt, bei anderen fehlt sie wie bei allen jungen Individuen unserer Sammlung vollständig.

Das ovale Tympanum liegt zwischen wulstig vortretenden Rändern wie eingebettet und ist nach vorne von zwei bis drei ziemlich grossen Temporalschildern begrenzt, während unmittelbar hinter demselben schiefe Reihen sehr kleiner Schüppchen folgen.

Sämmtliche Kieferzähne sind dreizackig und lang, doch der nach aussen vollkommen freiliegende Theil derselben erreicht kaum ein Viertel der Totallänge, da mehr als drei Längenviertheile der Zähne an dem äusseren Walle der tief rinnenförmig ausgehöhlten Kiefer wie angelehnt liegen; sie sind an der Basis nach innen aufgebogen. Die Zahl sämmtlicher Zähne in der oberen Kinnlade beträgt bei grossen erwachsenen Exemplaren 44—50, im Unterkiefer ringsum 40—48; von ersteren fallen jedoch 6—8 auf den Zwischenkiefer.

Die Gaumenzähne sind klein und nicht zahlreich; sie fallen leicht aus, so dass man an Skeleten ihr früheres Vorhandensein fast immer nur an den Rauhigkeiten und Grübchen des Pterigoideums erkennt. Die dicke Zunge füllt die ganze Breite der Mundhöhle aus und ist dicht mit filzigen Papillen besetzt.

Die Körperhaut liegt mehr oder minder lose an der Kehle und an der seitlichen Halsgegend und bildet bei einem kleinen Exemplare unserer Sammlung eine deutlich entwickelte doch schmale Querfalte vor der Brust, die sich seitlich auch nach oben fortsetzt. Bei allen übrigen von mir untersuchten Individuen findet sich eine nur seitlich ausgebildete Antehumeralfalte und vor dieser eine schwächer entwickelte wulstige Querfalte an den Seiten des Halses, aber keine eigentliche Kehlfalte vor; bei der Mehrzahl der Exemplare sieht man endlich die Kehlhaut der Länge nach mehrfach, doch stets nur schwach gefaltet.

Ein von seitlich zusammengedrückten zugespitzten Schuppen gebildeter Kamm beginnt am hinteren Ende des Kopfes und setzt sich in der Regel ohne Unterbrechung bis zur äussersten Schwanzspitze fort, doch ist er durch mehr oder minder tiefe Einbuchtungen am oberen Rande in einen Nacken-, Rücken- und Schwanztheil gesondert. Die Höhe des Kammes nimmt mit dem Alter zu und ist bei Männchen am Rücken (nicht aber am Nacken) zwei- bis dreimal stärker der Höhe nach entwickelt als bei den Weibchen. Der am Nacken gelegene Theil des Kammes wird von circa sechzehn Schuppen gebildet, von denen die mittleren höchsten 2—2½ mal so hoch als die mittleren längsten des Rückenkammes sind; letzterer beginnt mit sehr niedrigen Schuppen und ist in seltenen Fällen vom Nackenkamme durch einen kleinen Zwischenraum getrennt. Der Rückenkamm senkt sich allmälig gegen den Beginn des Schwanzes zu, steht aber mit dem Schwanzkamme bei sämmtlichen von mir untersuchten Exemplaren in unmittelbarem Zusammenhange. Die den Schwanzkamm bildenden Schuppen nehmen gegen die Längenmitte des Schwanzes nur wenig an Höhe zu und sind vom Beginne des zweiten Längenfünftels des Schwanzes bedeutend breiter und stärker comprimirt als die Schuppen, welche den Rückenkamm bilden. Bei sehr alten Männchen endlich sind die hohen Schuppen des Nackenkammes im Durchschnitte fast oval.

Die Rumpfschuppen liegen in regelmässigen Querreihen und sind von geringer Grösse; gegen die Flanken nehmen sie allmälig an Umfang ab. Sämmtliche Rückenschuppen erheben sich kegelförmig und die Spitze der Kegel ist ein wenig schief nach hinten geneigt. Die Schuppen der Rumpfseiten sind noch gewölbt, die Bauchschuppen aber völlig flach und grösser als letztere.

Die viereckigen Schwanzschuppen übertreffen die Rückenschuppen bedeutend an Grösse, sind wie letztere regelmässig in Querreihen gelagert und diagonal (von unten und vorne nach oben und hinten) gekielt. Die Kiele der an den Seiten des Schwanzes gelegenen Schuppen werden in der hinteren Längenhälfte des Schwanzes allmälig undeutlich; die Schuppen an der querüber mässig gewölbten Unterseite des Schwanzes dagegen sind gegen die Schwanzspitze zu stärker gekielt, als im mittleren Theile des Schwanzes, zunächst der Schwanzwurzel aber glatt und daselbst fast zweimal so gross als die grössten mittleren Bauchschuppen. Die grössten seitlichen Schwanzschuppen liegen hinter der Längenmitte des Schwanzes, und sind circa dreimal so gross als die grössten Rückenschuppen.

Der lange Schwanz ist an der Basis mässig comprimirt, sehr stark dagegen gegen das Schwanzende zu, und daher flossenähnlich. Die Länge des Schwanzes nimmt mehr als die Hälfte der Totallänge ein, bei jungen Individuen übertrifft sie die Rumpflänge um mehr als eine, bei alten Exemplaren um mehr als zwei Kopflängen.

Die Extremitäten sind kurz und gedrungen und mit kräftigen Krallen bewaffnet: in dieser Beziehung zeigt *Ambl. cristatus* eine grössere Uebereinstimmung mit *Cychura pectinata* Wiegm. als mit den Iguanen-Arten. Die vordere Extremität erreicht, gerade ausgestreckt, die Lendengegend nicht; die hintere Extremität überragt, nach vorne gelegt, mit der Kralle der längsten Zehe ein wenig die Achselgegend.

Die dritte und vierte Zehe der vorderen Extremitäten sind gleich lang, an sie schliesst sich der Länge nach die zweite und dann die fünfte an; die erste Zehe ist die kürzeste. Sämmtliche Zehen sind durch eine kurze Schwimmhaut verbunden.

An den Hinterfüssen ist die vierte Zehe am längsten, doch sowohl an sich als im Vergleiche zu den vorangehenden Zehen viel kürzer und wie letztere bedeutend stärker als bei den *Cychura-* und insbesondere bei den *Iguana-*Arten.

24—28 Poren liegen jederseits im hinteren Theile der Schenkel-Unterseite in einer Längsreihe, und bei alten Männchen entwickelt sich vor dieser noch hie und da eine zweite minder zahlreiche Porenreihe.

Die Schuppen am oberen Theile der Aussenseite des Ober- und Unterarmes sind konisch, nach unten so wie auch nach vorne gehen sie allmälig in gekielte Schuppen über; nach unten nehmen sie zugleich an Grösse ab. An der Unterseite der vorderen Extremität liegen kleine flache Schuppen, die noch bedeutend kleiner als die Bauchschuppen, doch merklich grösser als die Schuppen an der Kehle sind.

Die Schuppen der Handfläche sind flach, unregelmässig gestaltet, vielseitig und die grössten derselben (in der Handwurzelgegend) stärker entwickelt als die grössten am Oberarme. Auf der Oberseite der comprimirten Zehen der vorderen Extremitäten liegt eine Mittelreihe schienenförmiger Schuppen, welche nach vorne über der Basis jeder Kralle mit einer sehr grossen dicken hornartigen Schuppe endigt. Auf der Unterseite der Zehen vereinigen sich die kleinen Schuppen erst gegen die Längenmitte der Zehen zu einer einzigen regelmässigen Querreihe, deren einzelne Schuppen verhältnissmässig bedeutend schmäler, doch breiter als die entsprechenden Schuppen an der Oberseite der Zehen sind und gegen die Krallen an Breite so wie an Querausdehnung allmälig zunehmen.

Die Schuppen an der Vorderseite der Oberschenkel sind viel grösser als die des Oberarmes, doch nur schwach gekielt, an der Unter- und insbesondere an der Hinterseite des Oberschenkels liegen nur sehr kleine und glatte Schuppen.

Die Schuppen an der Aussenseite des Kniegelenkes sind ebenso gross wie die an der Vorderseite des Oberschenkels und vollkommen glatt. Die Schuppen an der ganzen Oberseite der Hinterfüsse sind stark gekielt und stellenweise kegelförmig erhöht.

Die drei mittleren Zehen der hinteren Extremitäten zeigen stärker entwickelte Schwimmhäute als die der Vorderbeine. Die Schuppenreihe an der vorderen Hälfte der Unterseite der dritten und vierten, seltener auch der fünften Zehe, bei jungen Individuen aber nur die der dritten Zehe ist mit zackenförmigen Vorsprüngen oder Zähnen besetzt, welche das Klettern erleichtern und, wie bekannt, bei den *Cyclura*- und *Iguana*-Arten insbesondere so auffallend stark an der ganzen Unterseite sämmtlicher Zehen beider Extremitäten in zwei bis drei Reihen entwickelt sind. Die Schuppen an den Seiten der Zehen sind bei *Amblyrhynchus cristatus* schwach gewölbt und nur sehr undeutlich stumpf gekielt.

Anatomische Notizen. Das Kopfskelet hat in den allgemeinen Umrissen manche Aehnlichkeit mit dem einer Schildkröte und ist von dem der *Iguana*-Arten bedeutend verschieden.

Sämmtliche Kopfknochen zeichnen sich durch ihre Stärke aus. Der lange Stiel des unpaarigen Zwischenkiefers hat eine nahezu verticale Lage; auf ihn folgen nach oben, eine breite abschüssige Ebene bildend, das grosse paarige Nasale und Präfrontale. Das Stirnbein ist von aussergewöhnlicher Breite und von verhältnissmässig geringer Länge, und die obere Fläche desselben ist ein wenig von vorne und oben nach hinten und unten geneigt. Die vordere Naht des Stirnbeines ist stark ausgezackt.

Während bei *Iguana* das Parietale eine breite, unter schwacher Bogenkrümmung bis in die Nähe des hinteren Querflügels sich neigende dreieckige, hinten breit abgestutzte Fläche nach oben zu zeigt, bildet dasselbe bei *Amblyrhynchus* nur gegen das Frontale zu eine ganz kleine, fast gleichseitig dreieckige Fläche mit schwach erhöhten Rändern und nach hinten lang ausgezogener Spitze, welche der hohe schneidige Kamm des verhältnissmässig sehr stark entwickelten, schief gestellten hinteren Flügels des Parietale kreuzt. Bei seitlicher Ansicht des Schädels fällt der Oberkiefer durch seine Höhenentwicklung und das Präfrontale durch die starke Wölbung am Rande der Augenhöhle besonders auf. Das Jugale ist verhältnissmässig nur wenig stärker als bei *Iguana tuberculata*, erhebt sich jedoch rascher nach oben und hinten als bei letzterer, und grenzt nach vorne und oben an das kleine Lacrymale.

Das Supraoccipitale bildet mit dem Pleuroccipitale (Exoccipitale) eine zusammenhängende Knochenmasse ohne die geringste Spur einer Naht, und auch das Pleuroccipitale ist nur am *Condylus occipitalis* durch eine Naht von dem Basioccipitale getrennt. Ganz schwach angedeutet ist endlich die Naht, welche das Basioccipitale von dem Basisphenoideum trennt.

Der Vomer ist relativ viel länger und schmäler als bei *Iguana* und jenem von *Varanus* in der allgemeinen Form viel ähnlicher; er ist ein langer schmaler Knochen, und an der Unterseite dreieckig rinnenförmig ausgehöhlt. Der Körper des Basisphenoideum ist in seinem mittleren Theile stark eingeschnürt wie bei *Uromastix*, doch divergirt der zum Endopterigoideum ziehende Querfortsatz nicht mit seinen beiden Aesten nach vorne.

Während das Coronarium der Mandibula mit dem oberen, nahezu horizontal liegenden Rande des Supraangulare bei *Iguana* einen rechten Winkel bildet, zeigt sich bei *Amblyrhynchus cristatus* daselbst eine tiefe halb ovale Einbuchtung, und das Supraangulare selbst ist halbmondförmig gebogen. Das nahezu vertical gestellte Os quadratum nimmt nach oben an Breite zu und die obere Hälfte seines Aussenrandes springt stark bauchig nach vorne vor; das Quadrato-jugale ist mit seiner nach aussen liegenden Platte schief (nach unten und hinten) gestellt und nimmt nach hinten und unten an Breite zu.

Färbung und Zeichnung. Bei jüngeren Individuen liegen auf den Seiten des Kopfes, an dessen Unterseite und an den Seiten des Rumpfes zahlreiche runde hellgraue Flecken auf schwarzem Grunde und verdrängen zuweilen die dunkle Grundfarbe bis auf ein mehr oder minder schmales Maschennetz; am Rücken selbst zeigen sich abwechselnd schmutzig graue und schwarze, mehr oder minder regelmässige Querbinden, von denen letztere viel breiter als die ersteren sind und häufig graue runde Flecken umschliessen. Auch in der vorderen Längenhälfte des Schwanzes erhalten sich zuweilen Spuren der hellen Querbinden. Bei manchen jungen Exemplaren bemerkt man auf dem Rücken nur regelmässige Querreihen grauer Flecken, zwischen welchen an den Rumpfseiten helle Pünktchen zerstreut liegen. Die ganze obere und äussere Seite der Extremitäten ist entweder grau punktirt oder aber mit grossen grauen Flecken geziert. Die Kehlgegend ist tief schwarz gefärbt.

Bei alten Individuen dagegen ist die Oberseite des Rumpfes in der Regel schmutzig röthlichbraun und wie die Körperseiten mit unregelmässig gestalteten und gelagerten schwärzlichen Flecken versehen, welche an den Rändern verschwommen sind; nur der Rückenkamm ist abwechselnd gelb (oder grau) und schwarz gebändert, und an den Seiten des Schwanzes zeigen sich im vorderen Längendrittel desselben zuweilen zwischen den dunkeln wolkigen Flecken oder Querbinden mehr oder minder deutliche Spuren regelmässiger Querreihen heller Flecken; die Kehlgegend ist stets schwarz, die Unterseite des Kopfes dunkel schmutzig grau. Nach unten gegen den Bauch zu geht die röthlichbraune Grundfarbe des Rückens in der Regel in ein schmutziges wässeriges Graubraun allmälig über. Die Bauchseite ist schmutzig gelbbraun. Nicht selten zieht sich eine schwarze Binde längs der Basis des Rückenkammes bis zur Schwanzgegend hin. Oberarm und Oberschenkel stimmen in Zeichnung und Färbung in der Regel mit den Seiten des Rumpfes überein, doch sind die schwärzlichen Flecken viel kleiner und noch verschwommener als am Leibe; zuweilen sind die oberen Theile der Extremitäten grauschwarz und vollkommen fleckenlos. Die ganze Oberseite der Finger und Zehen, des Unterarmes und Unterschenkels ist tiefschwarz, ebenso die grössere hintere Längenhälfte des Schwanzes. Nur selten sah ich vollkommen schwarz gefärbte Individuen.

Das grösste Exemplar unserer Sammlung ist 85 Cm. lang, davon kommen 53 Cm. auf den Schwanz, das kleinste Exemplar misst 36 Cm. in der Totallänge und der Schwanz desselben ist 21 Cm. lang.

Amblyrhynchus cristatus kommt in beträchtlicher Menge auf den Galapagos-Inseln vor; Darwin fand diese Art auf sämmtlichen von ihm besuchten Inseln des Galapagos-Archipels, ich selbst sah sie auf Albemarle, Charles-, James- und Jervis-Insel, auf letzterer nur in kleinen Exemplaren, auf Charles-Insel in ungeheurer Anzahl und in sehr grossen Exemplaren. Als mein Reisegefährte Dr. Pitkins eine grosse Anzahl dieser hässlich aussehenden Thiere auf Lavablöcken sich sonnen sah, schoss er in die dicht gedrängte Schaar derselben einmal hinein, und als ich selbst unmittelbar darauf und später, vielleicht nach einer Stunde denselben Platz besuchte, war er vollständig von diesen Thieren geleert; sie waren sämmtlich ins Meer geflohen und hatten sich wahrscheinlich später einen anderen entfernteren Schlupfwinkel gesucht. Diese meine Erfahrung, die sich auch auf Jervis- und James-Insel wiederholte, zeigt, dass *Amblyrhynchus cristatus*, obwohl sehr träge und unbeholfen in seinen Bewegungen, und daher leicht und ohne besondere Gegenwehr zu fangen, nunmehr doch den ihm drohenden Gefahren zu entrinnen sucht, und nicht wie früher mit blöder Hartnäckigkeit auf den alten Standplatz zurückzukehren sucht, wenn er ihn oder dessen Nähe von seinen Feinden besetzt sieht, wie Darwin in seinem Reisejournale vor mehr als dreissig Jahren bemerkt. Bei ruhiger See trifft man nicht selten diese Eidechsen in ziemlich grosser Entfernung im Meere ziemlich schnell schwimmend und tauchend an; ihre Bewegungen im Wasser gleichen denen einer Schlange; nur der Kopf ragt beim Schwimmen über die Meeresfläche empor, die Beine sind angezogen. Auf der Charles-Insel fand ich sie nur in der nächsten Nähe des Meeres auf rauhen, zerrissenen Lavamassen und heerdenweise, gegen 100—150 auf einem kleinen Raume. Auf der Jervis-Insel stiess ich nur auf einzelne ziemlich kleine Exemplare in beträchtlicher Höhe über dem Meere an den Rändern kleiner mit Gras und Gebüsch überwachsener Felsenhöhlen, die vielleicht als deren Brutplätze dienen mögen.

Magen und Gedärme sind, wie Darwin bereits erwähnte, ausnahmslos von breitblättrigen grünen und röthlichen Algen vollgestopft, weit und dünnwandig, und letztere vielfach verschlungen.

4. *Conolophus subcristatus.*

Syn. *Amblyrhynchus subcristatus* Gray, Zool. Misc. p. 6 (1831).
     —   —   — Zoology of Capt. Beechey's Voy. Rept. p. 93 (1839).
     —   *Demarlii* Dum. Bibr. Erpét. génér., t. IV. p. 197 (1837).
     —   —   — — Bell, Zoology of the Voy. of Beagle, Rept. p. 22, pl. II (1843).
Hypsilophus (Conolophus) Demarlii Fitz., Systema Rept., Fasc. I. p. 55 (1843).
Trachycephalus subcristatus Gray, Catal. of Lizards in the Coll. of the Brit. Mus. p. 188 (1845).

Diese zweite Rieseneidechse der Galapagos-Inseln ist im allgemeinen Habitus, so wie auch durch den Mangel von sogenannten Gaumenzähnen (Pterygoidzähnen) wesentlich von *Amblyrhynchus cristatus* verschieden und im Ganzen noch plumper und schwerfälliger als letztere. Nur auf das feste Land angewiesen, entbehrt sie der Schwimmhäute zwischen den kürzeren Zehen der gedrungeneren Extremitäten, der Schwanz derselben ist kürzer, mässig comprimirt. im Durchschnitte oval und mit keinem Kamme versehen; der Hals ist bedeutend länger und zahlreiche Falten liegen an der Unterseite des Kopfes und an den Seiten des Halses; der Kopf endlich ist gestreckter, daher verhältnissmässig von geringerer Höhe und die Oberseite desselben senkt sich minder rasch von der Schnauzengegend zum vorderen Mundrand herab. Die Längsfalten an der Unterseite des Kopfes und die queren Falten an den Seiten des Halses gehen nach hinten oder respective nach unten in die Querfalte vor der Brust über.

In der Kopfgestalt steht *Conolophus subcristatus* der *Cyclura pectinata* zunächst; der Kopf ist langgestreckt und verschmälert sich allmälig nach vorne gegen das gerundete Schnauzenende. Die Oberseite des Kopfes ist in der Stirngegend flach, vor und hinter derselben sowohl querüber als der Länge nach schwach convex.

Die Schilder an der Oberseite des Kopfes sind bedeutend kleiner und daher viel zahlreicher als bei *Amblyrhynchus cristatus,* doch erheben sie sich wie bei diesem mehr oder minder spitz kegel- oder pyramidenförmig. Die Schilder der Stirngegend sind kleiner als die vorangehenden und folgenden Kopfschilder, doch mehr als zweimal so gross wie die Schilder an der oberen Augendecke, welche selbst wieder von innen nach aussen bis zu den grösseren Randschildern rasch an Umfang abnehmen.

Die Occipitalplatte liegt wie eingesunken hinter der Stirne und ist grösser als die sie zunächst umgebenden Schilder. Die weiten Narinen münden in je einem grossen wallförmig sich erhebenden Schilde, welches in einiger Entfernung hinter dem vorderen gerundeten Schnauzenende unmittelbar über dem Vorderende des undeutlich entwickelten Canthus rostralis liegt; sie divergiren ein wenig nach hinten und aussen. Die Schnauzenschilder zwischen den beiden Narinen sind meist länglich, stark gewölbt und kleiner als die nach hinten folgenden Kopfschilder.

47 schlanke, drei- bis vierspitzige Zähne liegen ringsum in der oberen Kinnlade, davon 7 im Zwischenkiefer und 46—48 im Unterkiefer.

Die ovale Zunge ist an der Oberseite filzig und in der Mitte des vorderen Randes seicht dreieckig eingebuchtet.

Weder an dem Kopfskelete eines grossen Exemplares noch an zwei etwas kleineren in Weingeist aufbewahrten Exemplaren unserer Sammlung vermag ich die geringste Spur von Gaumenzähnen zu entdecken.

Das Rostralschild ist sehr gross, breit und von mässiger Höhe; sein oberer bogenförmiger Rand vieleckig; verglichen mit jenem von *Amblyrhynchus cristatus* ist es circa 3—5½mal grösser als bei letzterem. Auf das Rostrale folgen jederseits zehn bis zwölf Supralabialia, welche verhältnissmässig breiter aber niedriger als bei *Ambl. cristatus* sind.

Ueber den Oberlippenschildern liegen zwei regelmässige Längsreihen kleinerer flacher Schilder, von denen die der oberen Reihe circa halb so gross wie die der unteren sind.

Die Zügelgegend ist eingedrückt und nach oben durch den seitlich vorspringenden Kamm der grösseren Randschilder von der Kopfoberseite geschieden. Im mittleren Theile der Zügelgegend liegen sechs bis sieben unregelmässig gestaltete Schilder, welche zusammen ein Dreieck bilden, und unter diesen noch drei Reihen kleiner länglicher Schuppen, auf welche dann die früher erwähnten beiden Reihen flacher Schuppen über den Oberlippenschuppen folgen.

Nach unten begrenzt das Auge eine halbmondförmig gebogene Reihe grösserer viereckiger Schuppen, deren oberer Randtheil nach aussen sich umbiegt und eine stark vorspringende Randleiste bildet.

Das Kinnschild ist wie das Rostrale von bedeutender Grösse und nach unten bogenförmig gerundet. Die Infralabialia, jederseits vierzehn an der Zahl, sind ein wenig kleiner als die Supralabialia und ebenso wie letztere gestaltet; unter ihnen liegen zwei Reihen gleichfalls flacher Schuppen, welche nach hinten gegen die Mundwinkel sich zu einer Reihe vereinigen, und auf diese endlich folgen nach unten und innen vorne zwei, weiter nach hinten drei bis vier Reihen grösserer gewölbter Schilder, welche unterhalb der letzten Infralabialia rasch an Länge zunehmen. Die ziemlich stark entwickelte wulstige Mundwinkelfalte selbst ist nur von kleinen fast häutigen Schüppchen überdeckt, ein wenig nach unten und hinten geneigt und reicht ziemlich beträchtlich über das Auge nach hinten zurück.

Die übrigen Schuppen an der Unterseite des Kopfes und am Halse, so wie sämmtliche Schuppen am Rücken und an den Seiten des Rumpfes sind kegelförmig, mehr oder minder comprimirt, klein und zugespitzt, am kleinsten an den gefalteten Seiten des Halses sowie an der Achsel- und Lendengegend; sie kehren ihre Kegelspitzen je nach ihrer Lage nach aussen oder nach unten.

Die Bauchschuppen sind bedeutend grösser, flach und rhombenförmig, mit ihren Spitzen nach aussen gekehrt und bilden regelmässige Querreihen. An der Brust selbst liegen noch grössere Schuppen von comprimirt kegel- oder pyramidenförmiger Gestalt.

Am Nacken bildet eine Längsreihe hoher Schuppen, die durch kleinere Schuppen von einander getrennt sind, einen unterbrochenen Kamm, der in seiner Längenmitte am höchsten ist. Die Kammschuppen sind nur theilweise vollkommen konisch, grösstentheils aber an der Hinterseite flachgedrückt an der Vorderseite dagegen stark gewölbt. Gegen die Rückenlinie nimmt der Nackenkamm rasch an Höhe ab und geht in den viel niedrigeren aber zusammenhängenden Rückenkamm über, aus welchem jedoch hie und da eine einzelne höhere Schuppe hervorragt. Gegen den Schwanz zu verringert sich allmälig die Höhe des Rückenkammes, welcher zuletzt an der Schwanzwurzel vollständig verschwindet.

Die Schwanzschuppen sind grösser als die Schuppen an der ganzen Oberseite des Rumpfes, mehr oder minder stark gekielt und bilden regelmässige Querreihen. Am Schwanzrücken ragt eine Längsreihe grösserer Schuppen kammartig hervor, doch ist der Schwanzkamm nicht vollständig zusammenhängend, beginnt in einer geringen Entfernung vor der Schwanzwurzel und verliert sich ein wenig hinter der Längenmitte des Schwanzes. Die den Kamm bildenden Schuppen zeichnen sich insbesondere durch ihre Breitenentwicklung aus und sind wie die Schuppen des Rückenkammes an der Vorderseite stark gewölbt, an der Hinterseite aber flach oder schwach concav.

Der Schwanz ist an der Unterseite querüber mässig convex, seitlich nicht unbedeutend comprimirt und nur an der Schwanzwurzel und gegen die Schwanzspitze zu nahezu gerundet.

Die Extremitäten sind gedrungener und die Zehen bedeutend kürzer als bei *Amblyrhynchus cristatus*. Die Schuppen an der Aussen- und Oberseite des Ober- und Unterarmes zeichnen sich durch ihre Grösse aus; sie sind daselbst am Oberarme schief kegelförmig erhöht und mit der Spitze nach oben gekehrt, am Unterarme schwächer gewölbt und stumpfer, so wie auch theilweise grösser. Die Schuppen an der Unterseite der vorderen Extremität, mit Ausnahme der Handfläche, übertreffen die Schuppen an den Seiten des Rumpfes nur wenig an Grösse.

Die Finger sind kurz und ziemlich dick, gerundet; der dritte und vierte Finger zeigen gleiche Länge. Auf der Ober- und Unterseite jedes Fingers liegt eine schienenförmige Reihe grösserer Schilder; die obere Reihe ist querüber schwach gewölbt und ihre Schilder nehmen gegen die Krallenbasis rasch an Grösse zu. Die Schilder an der Unterseite der einzelnen Finger zeigen drei stumpfe Längskiele. Während bei *Amblyrhynchus cristatus* die Krallen sehr stark zusammengedrückt sind, haben sie bei *Conolophus subcristatus* mehr die Form eines mässig comprimirten gebogenen Kegels, dessen untere Seite ein wenig abgeflacht ist. An der hinteren Extremität sind die Schuppen an der hinteren Seite des Oberschenkels am kleinsten, die Zehen rundlich und an der Ober- wie an der Unterseite mit einer medianen Reihe grösserer, in die Quere gezogener Schuppen belegt, von denen die auf der Oberseite der kurzen, ersten Zehe gelegenen bedeutend grösser als die entsprechenden der übrigen Zehen sind.

Die Schuppenreihe an der Unterseite der Zehen zeigt drei sägeähnliche Zahnkämme und die vier ersten Schuppen dieser Reihe an der dritten Zehe fallen durch ihre ausserordentliche Grösse auf. Die Zahl der Schenkelporen, welche nur von geringer Grösse sind, beträgt jederseits 20—21.

Färbung. Der Kopf zeigt eine mehr oder minder intensive, citronengelbe Färbung; der Rücken ist zunächst dem Kamme ziegel- oder rostroth, in seltenen Fällen daselbst querüber abwechselnd und sehr verschwommen gelblich und rothbraun gebändert. Gegen die Seiten hinab geht die rothbraune Färbung in ein schmutziges dunkles Braun über. Hie und da bemerkt man zuweilen kleine schwärzliche Flecken mit undeutlicher Abgrenzung oder Punkte. Die Bauchseite ist dunkelgelb mit einem Stiche ins Röthlichbraune. Die vorderen Extremitäten sind nach aussen und oben schmutzig röthlichgelb, die Hinterfüsse bräunlichgelb, die Krallen und deren nächste Umgebung aber schwärzlich.

Anatomische Notizen. An dem von mir skeletirten grossen Exemplare sind die Nähte zwischen den einzelnen Kopfknochen grossentheils nur mehr schwach angedeutet. Die Profillinie des Kopfes senkt sich vom äussersten hinteren Ende des medianen Parietalkammes bis zur Spitze des Zwischenkieferstieles allmälig und gleichmässig.

Der Zwischenkiefer ist bedeutend schwächer geneigt als bei *Amblyrhynchus cristatus* und der Stiel desselben bedeutend breiter als bei letzterem. Die Nasengrube ist oval, länger als hoch und schief gestellt, bei *Ambl. cristatus* dagegen höher als lang und nahezu vertical aufgerichtet. Der Oberkiefer dehnt sich bei *Conolophus subcristatus* beträchtlicher in die Länge aus und ist zugleich von geringerer Höhe als bei *Ambl. cristatus*. Die ganze Oberfläche der Nasal-, Frontal- und Präfrontalknochen ist mit warzenförmigen, knöchernen Protuberanzen besetzt, indem die Basis der Stirnschilder sich verknöchert und mit ihrer Unterlage verschmilzt. Das Stirnbein ist verhältnissmässig ein wenig länger und schmäler, das Parietale aber bedeutend stärker entwickelt und insbesondere viel länger als bei *Ambl. cristatus*. Letztgenannter Knochen erhebt sich bei *Conol. subcristatus* längs der Mittellinie zu einem hohen, dünnen Kamme; der hintere Querflügel des Parietale ist viel höher als bei *Ambl. cristatus* und nach vorne und aussen schwach gewölbt (bei *Ambl. cristatus* dagegen schwach concav).

Das Ectopterygoideum (transversum Cuv.) und Endopterygoideum (Pterygoideum Cuv.) weicht seiner Grösse und Stellung nach gleichfalls von dem des *Ambl. cristatus* nicht unbedeutend ab; erstgenannter Knochen ist bei *Conol. subcristatus* länger und etwas schiefer gestellt, das Endopterygoideum in dem zwischen der Columella und dem Os quadratum liegenden Theile nahezu zweimal länger als bei *Ambl. cristatus*.

Die Unterkieferhälften sind ferner bei *Conol. subcristatus* bedeutend länger, das Coronarium der Mandibula ist höher und der nach vorne gebildete Winkel des Unterkiefers spitzer als bei *Ambl. cristatus* (vgl. Taf. V, Fig. 5 und 6).

Die Rückenwirbel des *Conolophus cristatus* sind im Ganzen gestreckter, deren obere Dornfortsätze minder bedeutend comprimirt, stärker nach hinten geneigt und an der Basis länger als bei *Ambl. cristatus*.

Der Atlas ist bei beiden Arten aus drei discreten Stücken zusammengesetzt, einem unteren und zwei oberen; das untere Stück hat eine kahnförmige Gestalt und bildet nach unten einen halbmondförmigen Kamm. Der Zahnfortsatz ist mit dem zweiten Wirbel verwachsen.

Unter und zwischen dem zweiten bis fünften Halswirbel liegt je ein discretes, dreieckiges, gegen den unteren breiten Rand stark comprimirtes Knochenstück (Hypapophysis Owen) bei beiden Arten (s. Taf. VII, Fig. 2 und 6). Die Formverschiedenheit des grossen oberen Dornfortsatzes des Epistropheus bei *Conol. subcristatus* und *Amblyrhynchus cristatus* zeigt Fig. 6 und Fig. 2 auf Taf. VII; bei erstgenannter Art erhebt sich der obere zapfenförmige Dorn schief nach hinten, und sein oberer Rand senkt sich unter schwach wellenförmiger Krümmung ziemlich rasch nach vorne und unten, während der obere stärker comprimirte Dorn des Epistropheus bei *Ambl. cristatus* nach oben an Breite zunimmt und sein oberer Rand sich nur wenig nach vorne herabsenkt. Das untere Stück des Atlas ist ferner bei *Ambl. cristatus* bedeutend kleiner als bei *Conol. subcristatus*.

Am fünften Wirbel beginnt die Reihe der Rippenpaare, doch erst am neunten Wirbel steht das Rippenpaar mit dem Brustbeine durch Sternocostalleisten in Verbindung, so dass die Zahl der Halswirbel 8 beträgt; auf diese folgen 16 Rücken- und 2 Kreuzwirbel. Die Zahl der Schwanzwirbel ist bei *Conolophus subcristatus* bedeutend geringer als bei *Ambl. cristatus*; bei erstgenannter Art dürften im Ganzen 40—42 Schwanzwirbel vorkommen (bei dem mir vorliegenden Skelete fehlen wohl die 2—3 letzten Schwanzwirbel), bei *Ambl. cristatus* zähle ich 53 Caudalwirbel. Sogenannte Lendenwirbel fehlen bei beiden Arten.

Die Processus transversi sind insbesondere an den Sacralwirbeln sehr kräftig ausgebildet, an den ersten Schwanzwirbeln sind sie bereits bedeutend schmäler, doch nur wenig kürzer. Bei *Conol. subcristatus* verschwinden die Querfortsätze am 24., bei *Ambl. cristatus* aber erst am 31. oder 32. Caudalwirbel nach allmäliger Grössenabnahme vollständig. Die beiden Querfortsätze des 14. Caudalwirbels und der rechte des 15. sind bei *Conolophus subcristatus* in der Mitte durchlöchert; die Querfortsätze der drei folgenden Wirbel sind bis auf den Grund gespalten und jeder derselben erscheint somit wie in zwei isolirte, stachel- oder zahnartige Vorsprünge aufgelöst oder gabelig getheilt; am 18. bis 23. Caudalwirbel ist jeder Querfortsatz auf eine einzige, kleine, zahnähnliche Protuberanz reducirt.

Bei *Ambl. cristatus* sind die Querfortsätze des 13. Caudalwirbels am Aussenrande bereits mässig tief eingebuchtet. Dieser Einschnitt reicht tiefer nach innen am 14., 15. und 16. Schwanzwirbel; am 17. und 18. nahezu bis zur Basis; am 18. und 19. Schwanzwirbel ist der hintere Ast des Querfortsatzes sehr stark verkümmert und an den drei folgenden nur mehr sehr schwach angedeutet, während der vordere Ast noch ein kleines Knötchen bildet. Die oberen Dornen der Schwanzwirbel sind, der äusseren Form des Schwanzes entsprechend, bei *Ambl. cristatus* stärker comprimirt und schwächer nach hinten geneigt als bei *Conol. subcristatus*; die Dornen der vorderen Schwanzwirbel aber sind bei letzterer Art verhältnissmässig höher als bei ersterer. Während die oberen Dornen bei *Conol. subcristatus* vom 8. oder 9. Caudalwirbel an ziemlich rasch an Höhe und Stärke abnehmen und am 30. bis 33. Schwanzwirbel nur mehr als zarte Spitzen angedeutet sind, verschwinden sie bei *Ambl. cristatus* erst auf den drei letzten Schwanzwirbeln und nehmen bis zu diesen nur ganz allmälig an Höhe und Breite ab.

Am 2. Caudalwirbel beginnen bei beiden Arten die absteigenden paarigen Bogenschenkel (bei *Iguana tuberculata* am 3. Caudalwirbel), welche sich nach unten zu einem einfachen Dorne vereinigen und laufen weit nach hinten fort bis in die Nähe der Schwanzspitze; sie fehlen im Ganzen nur dem ersten und den 4—3 letzten Caudalwirbeln vollständig, sind jedoch bei *Conol. subcristatus* an dem mir vorliegenden Skelete bereits vom 34. bis 39. Schwanzwirbel, bei *Ambl. cristatus* vom 47. bis 49. Caudalwirbel nach unten nicht mehr geschlossen und theilweise nur als zarte Knöpfchen angedeutet.

Im Sternalapparate zeigen sich einige nicht unerhebliche Formverschiedenheiten zwischen *Conol. subcristatus* und *Ambl. cristatus*. Bei beiden Arten ist das Coracoideum mit der Scapula verschmolzen, bei *Conol. subcristatus* ist die Suprascapula sowohl als der Scapula-Antheil des Coracoideum stärker in die Höhe entwickelt und verhältnissmässig ein wenig höher als bei *Ambl. cristatus* (s. Taf. VI, Fig. 5 und 2). Die Suprascapula ist bei beiden Arten zum grössten Theile verkalkt und gegen den oberen Rand zu in vier bis fünf Zacken ausgezogen, deren Zwischenräume durch eine dünnere Knorpelmasse ausgefüllt ist. Coracoideum und Scapula bilden die Schultergelenkpfanne und nur zunächt dieser zeigt sich eine schwache, leistenförmige Erhebung, welche die Grenze zwischen beiden Knochentheilen leise andeutet. Coracoideum und Scapula sind im vorderen Theile bei *Conol. subcristatus* durchbrochen und bilden daselbst vier Fenster, von denen das oberste rundliche ausschliesslich der Scapula angehört, während das nach unten folgende grössere nach unten von dem langen Vorsprunge des Coracoideum begrenzt wird. (Bei *Ambl. cristatus* ist das obere Fenster der Scapula sehr klein, insbesondere auf der rechten Körperseite des uns zur Untersuchung vorliegenden Exemplares, und das untere Fenster des Coracoideum fehlt.) Von den zwei untersten, ausschliesslich von dem knöchernen Coracoideum gebildeten Fenstern, die nach oben und theilweise nach innen von dem knorpelig verkalkten Epicoracoideum geschlossen sind, ist das obere bei weitem das grössere und oval; das untere Fenster ist mehr gerundet und fehlt bei *Ambl. cristatus*, doch ist bei letzterer Art an der betreffenden Stelle die Knochenmasse sehr stark verdünnt und durchsichtig. Die Queräste des Episternum divergiren nach hinten schwächer bei *Conol. subcristatus* als bei *Ambl. cristatus*, während der Stiel desselben bei *Conol. subcristatus* viel länger und schmäler als bei *Ambl. cristatus* (s. Taf. VI, Fig. 1 und 4 ep.) ist.

Nur bei *Conol. subcristatus* löst sich das hintere Ende des Stieles zu einem kleinen, selbstständigen Knöchelchen ab. Doch mag diese Abtrennung des Endstückes höchst wahrscheinlich nur von individueller Bedeutung sein. Die Clavicula ist bei beiden Arten ein langer, von vorne nach hinten plattgedrückter Knochen, bei *Conol. subcristatus* gleichmässig schwach aufwärts gebogen, bei *Ambl. cristatus* dagegen nach aussen stark aufwärts gekrümmt und am längeren inneren Theile aber geradlinig. Diese starke Krümmung des äusseren Theiles der Clavicula tritt natürlich bei unterer Ansicht des Knochens nicht deutlich hervor.

Das Sternum ist bei beiden Arten rautenförmig, doch bei *Conol. subcristatus* kleiner und insbesondere von geringerer Länge als bei *Ambl. cristatus;* es articulirt seitlich mit vier Sternocostalleisten wie bei *Iguana*. An den hinteren schmalen Rand des verkalkten Sternums setzen sich jederseits wie bei *Iguana* vermittelst eines gemeinsamen Stieles (sog. hinterer Theil des Sternums) noch zwei Rippen an. Längs der Mitte des Sternums zeigt sich eine nicht scharf ausgeprägte Trennungslinie, und zunächst dieser bei *Ambl. cristatus* fast in der Längenmitte des Sternum einige nicht verkalkte Knorpelstellen.

Der Humerus ist bei *Conol. subcristatus* verhältnissmässig nur unbedeutend länger und wenig schwächer, Ulna und Radius dagegen viel länger als bei *Ambl. cristatus*, an der hinteren Extremität aber ist das Os femoris bei ersterer Art ein wenig stärker und eben so lang wie bei letzterer, während Tibia und Fibula bei *Conol. subcristatus* entschieden stärker in die Länge gezogen sind als bei *Ambl. cristatus*.

Die Metacarpusknochen zeigen bei beiden Arten keine bedeutenden Unterschiede an Länge und Stärke, dagegen sind die Phalangen, insbesondere die letzteren derselben, bei *Conol. subcristatus* viel kürzer als bei *Ambl. cristatus*. Der Beckengürtel ist bei beiden Arten, insbesondere bei *Conol. subcristatus* verticaler gestellt als bei den Arten der Gattung *Iguana* und wird von kräftigen Knochen gebildet.

Das Darmbein (Os ilei) ist bei *Conol. subcristatus* etwas stärker entwickelt, doch nicht länger als bei *Ambl. cristatus*, heftet sich an die langen, kräftigen Querfortsätze der zwei Kreuzwirbel an und ist bei *Ambl. cristatus* schräger gestellt oder stärker nach vorne und unten gerichtet als bei *Conol. subcristatus*.

Das Schambein (Os pubis Cuv., Os ileopectineum nach Gorsky und Fürbringer) hat nahezu die Gestalt eines rechtwinkeligen Dreieckes, dessen obere und untere Ecke abgestutzt ist. Der untere Rand desselben liegt vollkommen horizontal, der nach innen gekehrte Rand ist mässig concav und ebenso der äussere kürzere Rand. Bei *Ambl. cristatus* ist der untere, quergestellte Theil des Schambeines bedeutend schmäler als bei *Conol. subcristatus*; bei beiden Arten zeigt sich am unteren, queren Aste des Schambeines ein wenig einwärts und über der äusseren unteren Ecke (Spina) eine rundliche Stelle, welche mit dünnerer Knochenmasse ausgefüllt ist.

Das Sitzbein (Os ischii Cuv. = Os pubis Gorsky = Os puboischium Fürbr.) ist bei *Conol. subcristatus* nach oben mit dem Darm- und Schambein zu einer einzigen Knochenmasse verschmolzen, während sich bei *Ambl. cristatus* an der Innen- und Vorderseite deutliche Trennungsnähte zwischen den drei Knochenpaaren zeigen. Das Sitzbein ist zunächst dem Tuber ischii von keinem Fenster durchbohrt und hat eine breitsichelförmige Gestalt; nach unten und vorne endigt es zugespitzt und indem es daselbst mit dem der entgegengesetzten Seite divergirt, ermöglicht es die Einschiebung eines langen, lanzettförmigen, grossentheils verkalkten Knorpels, welcher von der Symphyse des Sitzbeines bei beiden Arten bis zur Symphyse des Os pubis (Os ileopectineum Gorsky) reicht und das Foramen cordiforme (obturatorium Aut.) in zwei Hälften vollständig abtrennt.

Bezüglich der Lebensweise des *Conol. subcristatus* verweise ich auf die von Darwin in der „Reise eines Naturforschers um die Welt" gegebenen Nachrichten, sie stimmen vollkommen mit den von mir selbst gemachten Erfahrungen überein. Nur bezüglich der Grösse, welche diese Eidechsenart erreicht, erlaube ich mir die Bemerkung, dass *Conol. subcristatus* in dieser Beziehung dem *Ambl. cristatus* nicht nachsteht, da mehrere von mir auf Albemarle gefangene Individuen mehr als 22 Pfund wogen.

Nach Darwin findet sich diese terrestre Rieseneidechse nur auf den centralen Inseln Albemarle, James, Barrington und Indefatigable vor. Während der Hassler-Expedition traf ich *Conol. subcristatus* nur auf Albemarle in der nächsten Nähe des Tagus Cove in sehr grosser Menge an ziemlich reich mit Cactus besetzten Abhängen und Mulden. Auf der James-Insel hielten wir uns leider nur ganz kurze Zeit auf, die zum Fischfange ausschliesslich benützt werden musste; auf Indefatigable dagegen machte ich von der Conway Bay aus mit Dr. Pitkin einen grösseren Ausflug längs der Küste sowie auch in das Innere, ohne die geringste Spur dieser Eidechse selbst an Cactus-reichen Stellen entdecken zu können, es dürfte daher nicht unwahrscheinlich sein, dass *Conol. subcristatus* auf dieser heissen, wüsten Insel nur die centralen, höher gelegenen Theile bevölkere, falls überhaupt diese Art auf Indefatigable vorkommt. Darwin bemerkt ausdrücklich in seinem Reisewerke, dass *Conolophus subcristatus* (= *A. Demarlii*) auf der Charles-Insel (wie auch auf den Hood-, Clatham-, Towers, Bindloes- und Abingdon-Inseln) sich nicht vorfinde, nichtsdestoweniger führt Gray irriger Weise die Charles-Insel als Fundort eines von Darwin selbst übergebenen Exemplares dieser Art in dem Kataloge der Eidechsen des britischen Museums (p. 189) an.

Geckotidae.

Phyllodactylus galapagensis Pet.

(Monatsberichte der k. preuss. Akad. d. Wissenschaften zu Berlin aus dem Jahre 1869. p. 720.)

Graubraun, schwarz punktirt und kleingefleckt. Fünf Labialia jederseits oben und unten ausser einigen kleinen hinteren Schuppen. Das Mentale sehr gross, vorn am breitesten, hinten abgestutzt und an drei polygonale Schuppen, zwei seitliche und eine mittlere, stossend. Die Schüppchen des Hinterhauptes fast doppelt so klein wie die der Schnauze, auf dem Körper zwischen den Schuppen kleine Tuberkeln, welche jederseits 6 Längsreihen bilden. Die glatten Bauchschuppen klein, zwischen der vorderen und hinteren Extremität etwa 56 Querreihen bildend. Ohröffnung schief, klein (Pet.).

Das einzige, nicht gut erhaltene Exemplar dieser Art wurde von den Naturforschern der schwedischen Fregatte „Eugenie" gesammelt und befindet sich im Berliner Museum.

Mit Berücksichtigung der erst kürzlich von Dr. Günther beschriebenen Schildkröten-Arten kennt man im Ganzen bisher eilf Reptilien von den Galapagos-Inseln, nämlich: *Testudo elephantopus*, *T. nigrita*, *T. ephippium*, *T. microphyes*, *T. vicina*, *Tropidurus (Craniopeltis) Grayi*, *Tr. pacificus*, *Amblyrhynchus cristatus*, *Conolophus subcristatus*, *Phyllodactylus galapagensis* und *Dromicus Chamissonis*, von denen nur die letzte Art auch auf dem Festlande von Amerika vorkommt.

Wien, den 6. März 1876.

ERKLÄRUNG DER ABBILDUNGEN.

Tafel I.

Fig. 1. *Dromicus Chamissonis* Wiegm. var. *dorsalis*, in natürlicher Grösse, 1a. obere Ansicht des Kopfes, 1b. seitliche Ansicht und 1c. untere Ansicht des Kopfes.

Fig. 2. *Dromicus Chamissonis* Wiegm., var. *Habelii* in natürlicher Grösse. 2a. obere, 2b. seitliche, 2c. untere Ansicht des Kopfes.

Tafel II.

Fig. 1. *Tropidurus (Craniopeltis) Grayii* Bell, Männchen in natürlicher Grösse. 1a. Oberseite des Kopfes, zweimal vergrössert.

Fig. 2. *Tropidurus (Craniopeltis) pacificus* m., var. *Habelii*, Weibchen.

Fig. 3. *Tropidurus (Craniopeltis) pacificus* m., altes Männchen.

Tafel III.

Amblyrhynchus cristatus Bell, Männchen und Weibchen, in halber natürlicher Grösse.

Tafel IV.

Conolophus subcristatus Gray, Männchen.

Tafel V.

Amblyrhynchus cristatus.

Fig. 1. Seitenansicht des Schädels.

Fig. 2. Obere Ansicht desselben.

Fig. 3. Hintere Ansicht desselben.

Fig. 4. Untere Ansicht (Basis) desselben nach Hinwegnahme des Unterkiefers.

Fig. 5. Obere Ansicht beider Unterkieferhälften.

Conolophus subcristatus.

Fig. 6. Seitenansicht des Schädels.

Fig. 7. Obere Ansicht desselben.

Fig. 8. Hintere Ansicht des Schädels.

Fig. 9. Untere Ansicht (Basis) desselben nach Hinwegnahme des Unterkiefers.

Tafel VI.

Amblyrhynchus cristatus.

Fig. 1. Ventralansicht des Sternalapparates.

Fig. 2. Aeussere Ansicht der Schulterknochen der linken Seite.

Fig. 3. Fünfter, sechster und siebenter Schwanzwirbel.

Conolophus subcristatus.

Fig. 4. Ventralansicht des Sternalapparates.

Fig. 5. Aeussere Ansicht der Schulterknochen der linken Seite.

Fig. 6. Fünfter, sechster und siebenter Schwanzwirbel.

   s. Scapula.

   ss. Suprascapula.

   co. Coracoïd.

   1. Vorderes   } Fenster im Coracoïd.
   2. Hinteres   }

   3. Unteres   } Fenster in der Scapula.
   4. Oberes   }

   st. Brustbeinplatte.

   ep. Episternum.

   cl. Schlüsselbein.

   ec. Epicoracoïdeum.

   h. Humerus.

   $c^1 — c^6$ Sternale Enden der Rippen.

Tafel VII.

Amblyrhynchus cristatus.

Fig. 1. Obere Ansicht des Kopfes.

Fig. 2. Seitenansicht der vorderen Halswirbel.

Fig. 3. Beckengürtel und die beiden Sacralwirbel von unten gesehen.

Fig. 4. Sechsunddreissigster bis neununddreissigster Caudalwirbel, von der Seite gesehen.

Conolophus subcristatus.

Fig. 5. Obere Ansicht des Kopfes.

Fig. 6. Seitenansicht der vorderen Halswirbel.

Fig. 7. Beckengürtel mit den beiden Sacralwirbeln von unten gesehen.

Fig. 8. Fünfundzwanzigster bis siebenundzwanzigster Caudalwirbel in seitlicher Ansicht.

   e. Epistropheus.

   f. Femur.

   il. Ilium.

   isch. Ischium.

   p. Os pubis.

   f. o. Foramen obturatorium (= f. cordiforme Gorsky).

   sp. Spina.

   t. i. Tuber ischii.

   v. s. 2. Vertebra sacralis 2da.

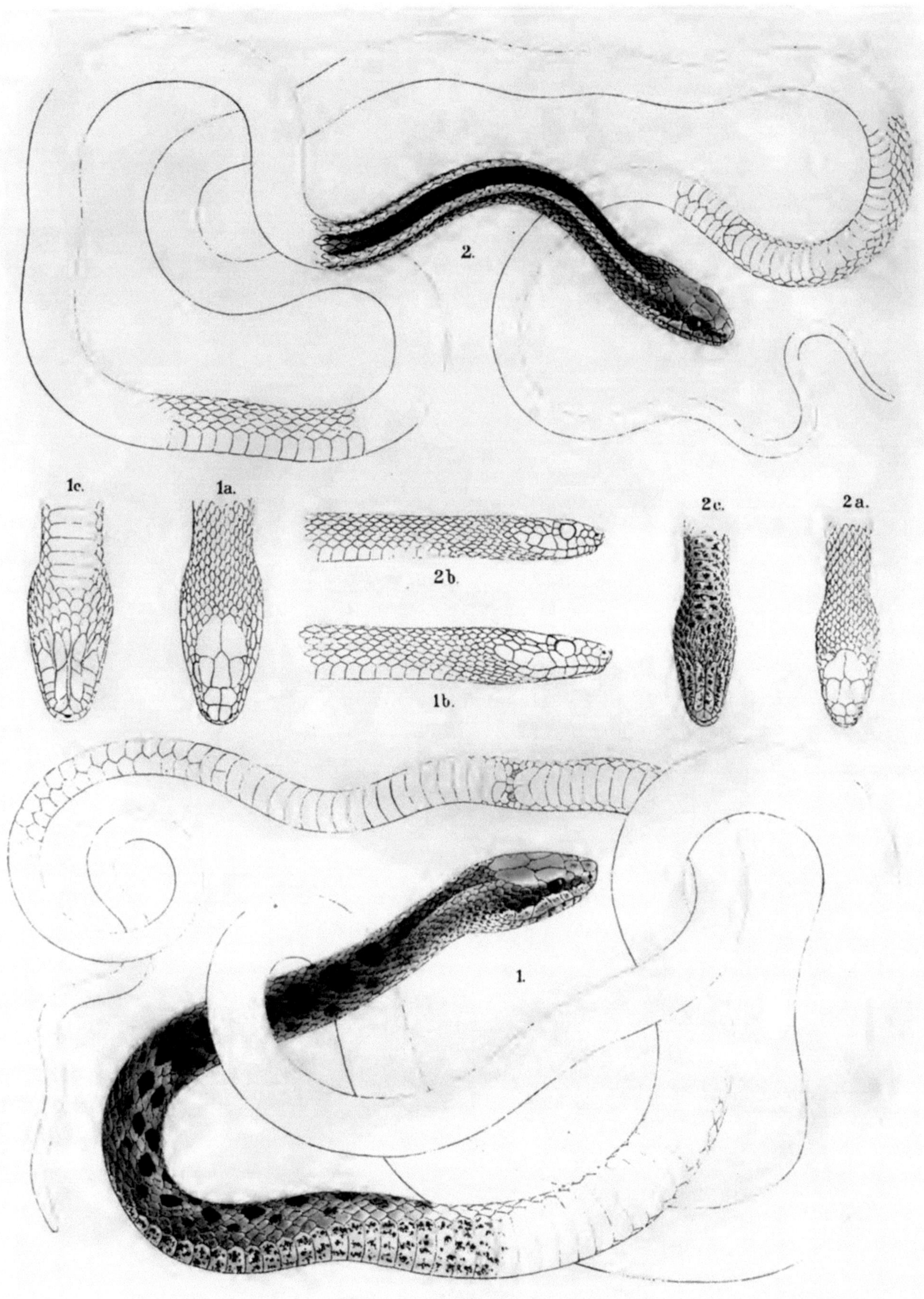

Gez u lith v Ed Konopicki

k.k. Hof u Staatsdruckerei

Festschrift d. k.k. zoolog. botan. Ges. in Wien 1876.

Festschrift d. k. k. zoolog. botan. Ges. in Wien 1876.

Festschrift d. k.k. zoolog. botan. Ges. in Wien 1876.

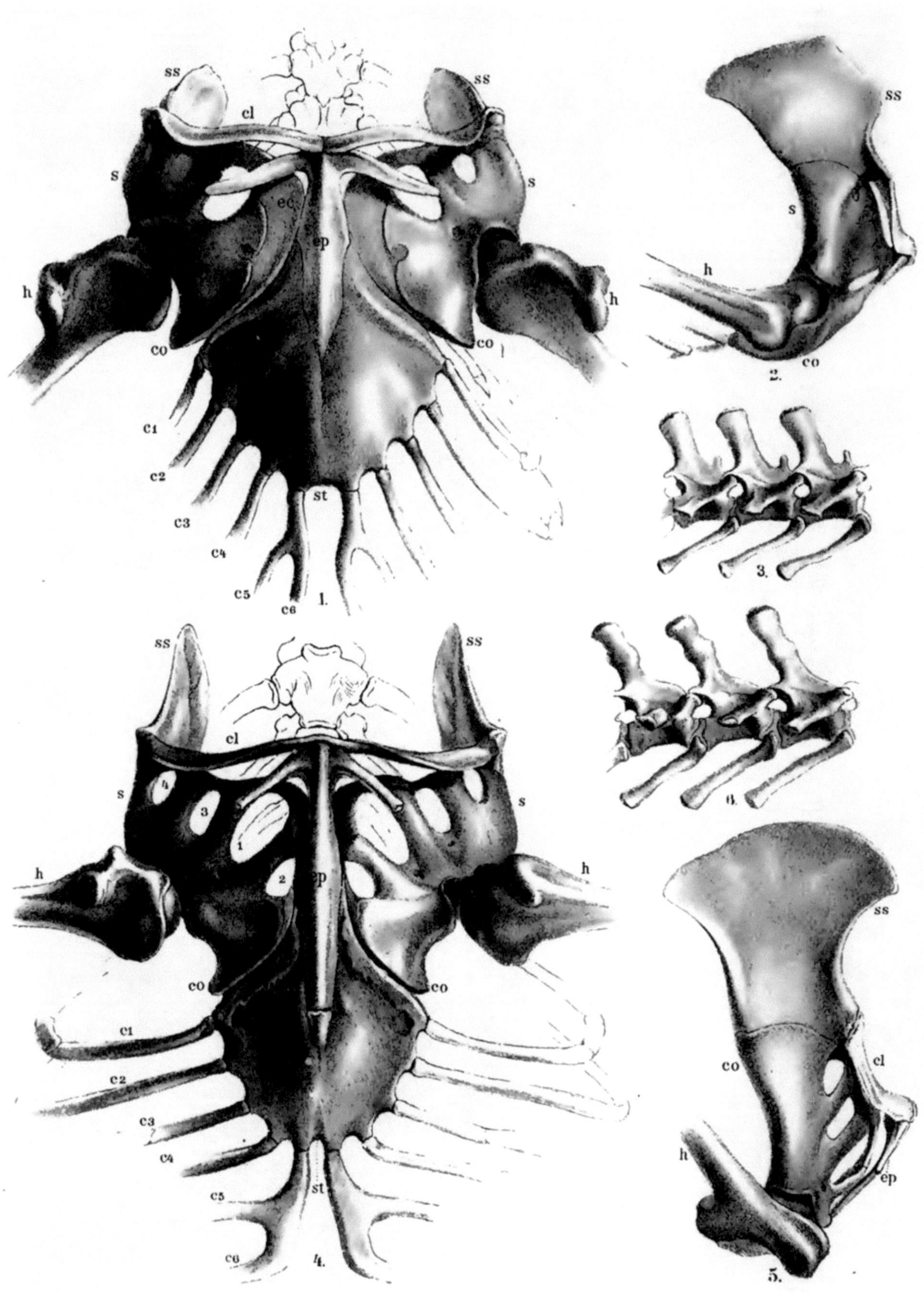
ss
cl
ss
s
s
ec
ep
h
h
co
co
c1
c2
c3
st
c4
c5
c6
1.
ss
s
h
co
2.
3.
ss
cl
ss
s
h
3
1
2
ep
s
h
co
co
c1
c2
c3
c4
c5
st
c6
4.
6.
ss
co
cl
h
ep
5.

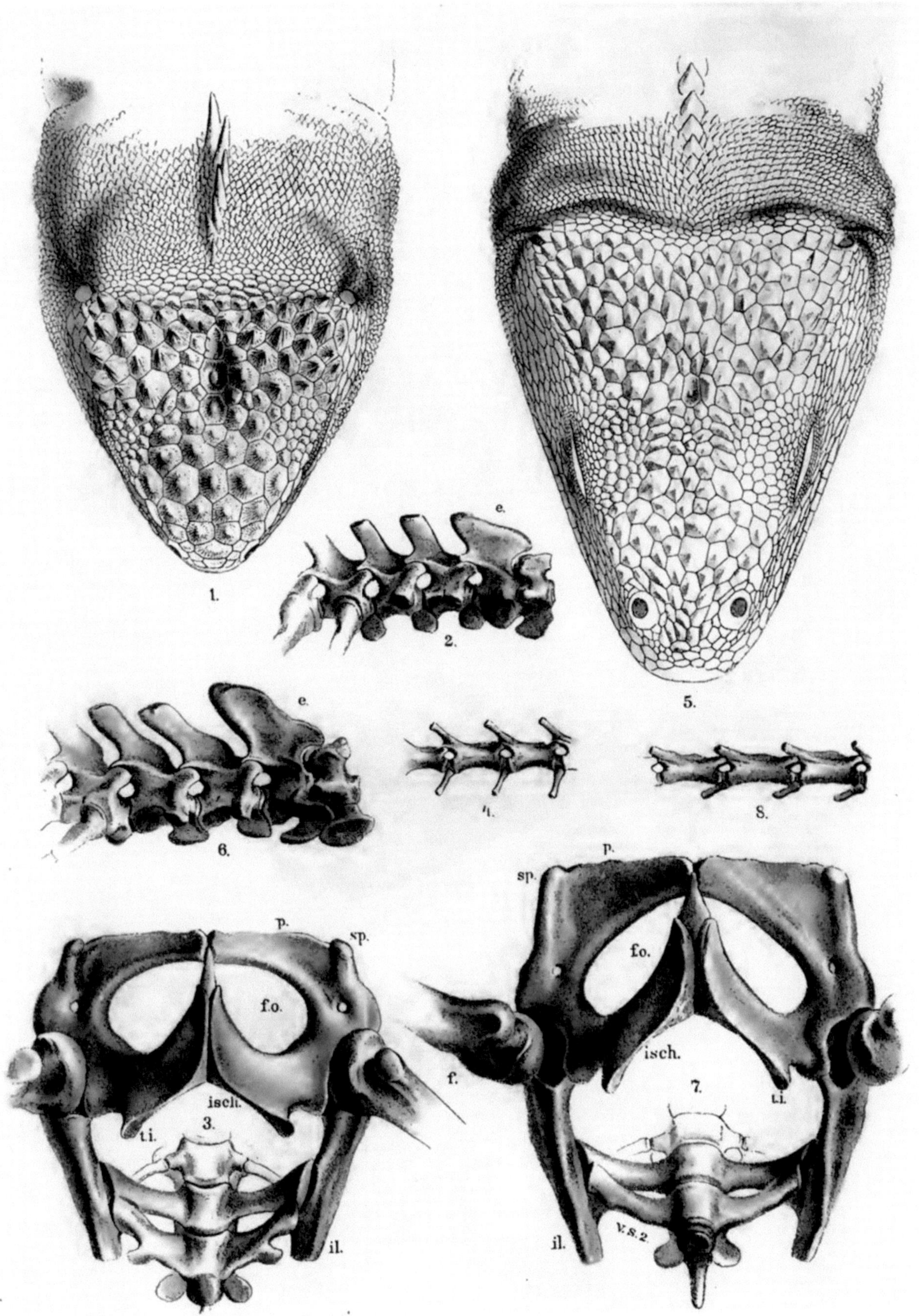

Gez. u. lith. v. Ed. Konopicki

Festschrift d. k.k. zoolog. botan. Ges. in Wien 1876.

k.k. Hof u. Staatsdruckerei.